住房和城乡建设领域“十四五”热点培训教材

建设工程造价经济技术指标·指数分析案例

（房屋建筑类）

建成工程咨询股份有限公司 著

中国建筑工业出版社

图书在版编目（CIP）数据

建设工程造价经济技术指标·指数分析案例．房屋建筑类／建成工程咨询股份有限公司著．— 北京：中国建筑工业出版社，2021.10（2022.11 重印）
住房和城乡建设领域“十四五”热点培训教材
ISBN 978-7-112-26675-3

Ⅰ．①建…　Ⅱ．①建…　Ⅲ．①建筑造价－指标－分析－案例 ②建筑造价－指数－分析－案例　Ⅳ．① TU723.3

中国版本图书馆 CIP 数据核字（2021）第 208441 号

责任编辑：周娟华
责任校对：王雪竹

住房和城乡建设领域“十四五”热点培训教材
建设工程造价经济技术指标·指数分析案例
（房屋建筑类）
建成工程咨询股份有限公司　著

*

中国建筑工业出版社出版、发行（北京海淀三里河路 9 号）
各地新华书店、建筑书店经销
北京雅盈中佳图文设计公司制版
北京圣夫亚美印刷有限公司印刷

*

开本：787 毫米 ×1092 毫米　1/16　印张：18　字数：446 千字
2021 年 12 月第一版　2022 年 11 月第四次印刷
定价：**88.00** 元
ISBN 978-7-112-26675-3
（38128）

本书编委会

主　编：张素华

副主编：赵穗迎　胡健琨

编制人：陈　达　陈燕霞　梁国洪

吴立浩　张佳伟

序

世界正加速迈进数字化技术的新时代，大数据、云计算、区块链、人工智能等数字化技术正不断地迭代升级并被大规模地应用。在这个新时代，借助数字化技术各行各业必将迎来深度改革的发展浪潮。造价咨询企业应该趁着数字化时代发展的浪潮，勇于改变传统的管理手段和服务模式，积极推动自身管理理念和服务模式的创新，使企业的服务实现向数字化、智能化的转型。

住房和城乡建设部办公厅《关于印发工程造价改革工作方案的通知》（建办标〔2020〕38号）明确提出，改革工作的主要任务之一是“（三）加强工程造价数据积累：加快建立国有资金投资的工程造价数据库，按地区、工程类型、建筑结构等分类发布人工、材料、项目等造价指标指数，利用大数据、人工智能等信息化技术为概预算编制提供依据。加快推进工程总承包和全过程工程咨询，综合运用造价指标指数和市场价格信息，控制设计限额、建造标准、合同价格，确保工程投资效益得到有效发挥。”2021年7月，广东省住房和城乡建设厅制定的《广东省工程造价改革试点工作实施方案》明确了工作任务之一是引导试点项目创新计价方式，改革试点项目的估算、概算、预算、最高投标限价等造价成果可通过市场询价，结合类似工程造价数据、造价指标指数等编制和确定。工程造价改革工作方案指明了数字化转型已成为工程造价行业变革发展的主旋律。

建成工程咨询股份有限公司一如既往地顺应社会发展及行业变革的大趋势，一直非常重视企业信息化建设工作，并加大投入研发建设企业自己的工程造价数据库；坚持致力于对工程造价数据的收集、整理、分析、提炼，深入研究和挖掘工程造价指标、指数数据，利用大数据技术，把企业积累的知识和经验，结合行业的发展和市场的需求，转化成信息化建设成果，逐步面向行业、面向市场；立足于从传统型造价咨询服务企业向科技型高端服务企业的转型方向，加强数字化技术在工程造价服务中的应用范围和模式的深入研究，有利于更好地推进企业服务的数字化转型。

目前，大数据技术的发展将驱动我国不同行业领域积极推进数字化转型和智能化提升，本书的出版将引领造价行业从战略上重视大数据的开发利用，大力推动造价行业大数据的应用和发展，使造价行业在数字化时代抓住跨越式发展的宝贵机会，加快实现行业的转型升级。

建成工程咨询股份有限公司　董事长

前言

本书数据均是从建成工程咨询股份有限公司工程造价数据元系统中选取的部分典型工程造价指标、指数数据，涵盖了居住建筑、办公建筑、商业建筑、文化建筑、教育建筑、体育建筑、卫生建筑、工业建筑（厂房、仓库）、地下室、其他附属建筑等建筑类型的指标分析案例，以及广东部分地区建设工程常用材料价格趋势和指数分析数据。

本书共两章，第一章　建设工程造价经济技术指标案例包含了工程造价各专业造价指标分析、工程费用占比分析、专业造价占比分析、造价构成占比分析、土建及机电专业主要含量分析等内容。本章最后一节有针对性地摘选了部分建筑类型的工程技术、经济指标分析数据以供专业人员参考应用。第二章　建设工程常用材料价格趋势、指数分析主要对工程造价占比较大的部分常用材料的信息价或市场价进行收集并分析其价格变化趋势，形成了近三年价格指数，以供专业人员进行工程造价市场化指标分析预测时参考应用。

本书是建成工程咨询股份有限公司近几年的工程造价数据分析应用工作成果。建成工程咨询股份有限公司尝试结合目前国家提出的工程造价改革工作的主要任务和行业从业人员对工程造价数据的需求，对不同建筑类型的项目成果进行指标数据分析提炼，希望能够给业主单位、代建单位、设计单位、监理单位、咨询单位及施工单位等工程造价人员和项目成本管理人员提供参考，也希望能对工程造价行业的数字化应用方式和造价服务理念的转型发展提供具有思想性、前沿性和启发性的参考。

由于项目案例样本有限且具有典型性，本书难免有疏漏和不足之处，欢迎业界朋友多提宝贵意见，如蒙雅正，不胜感激！

编者

目录

第一章

建设工程造价经济技术指标案例

- 居住建筑
- 办公建筑
- 商业建筑
- 文化建筑
- 教育建筑
- 体育建筑
- 卫生建筑
- 工业建筑（厂房、仓库）
- 地下室
- 其他附属建筑
- 建设工程技术、经济指标分析数据摘选

说　明

一、本章节所有工程（项目）的工程概况表里的计价依据“清单2013”是指依照《建设工程工程量清单计价规范》GB 50500—2013编制，“定额2010”是指依据《广东省建筑与装饰工程综合定额（2010）》《广东省安装工程综合定额（2010）》编制，“定额2018”是指依据《广东省房屋建筑与装饰工程综合定额2018》《广东省通用安装工程综合定额2018》编制。

二、本章节所有工程（项目）指标均不含基坑支护指标。

三、建筑装饰工程及机电安装工程各章节专业划分：

1. 建筑装饰工程包含建筑和装饰两个专业。其中，建筑专业包含土石方工程、桩基础工程、砌筑工程、混凝土及钢筋混凝土工程、装配式混凝土结构 / 建筑构件及部品工程、金属结构工程、门窗工程、屋面及防水工程、保温 / 隔热 / 防腐工程、外墙面装饰及幕墙等；装修专业包含楼地面工程、墙 / 柱面装饰与隔断工程、天棚工程、油漆涂料裱糊工程及其他装饰工程等。

2. 机电安装工程划分为电气、给排水、消防、智能化、通风空调、电梯、燃气等专业。其中，电气专业包含动力配电及照明系统、防雷接地系统、高低压变配电系统等；给排水专业包含给水系统、排水系统；消防专业包含水消防系统、电消防系统；智能化专业包含综合布线系统和各专业系统；通风空调专业包含通风系统、防排烟系统、中央空调系统、多联机系统等；电梯专业包含垂直电梯和扶梯。

第一节　居住建筑

某中学学生宿舍楼工程（6层）

工程概况表　　表 1-1-1

<table>
<tr><td colspan="2" rowspan="2">计价时期</td><td>年份</td><td>2019</td><td rowspan="2">计价地区</td><td>省份</td><td>广东</td><td>建设类型</td><td colspan="2">新建</td></tr>
<tr><td>月份</td><td>3</td><td>城市</td><td>阳江</td><td>工程造价（万元）</td><td colspan="2">2352.47</td></tr>
<tr><td colspan="2">专业类别</td><td colspan="2">房建工程</td><td>工程类别</td><td colspan="2">居住建筑</td><td rowspan="2">计价依据</td><td>清单</td><td>2013</td></tr>
<tr><td colspan="2">计税模式</td><td colspan="2">增值税</td><td>建筑物类型</td><td colspan="2">集体宿舍</td><td>定额</td><td>2018</td></tr>
<tr><td colspan="2" rowspan="2">建筑面积（m²）</td><td>±0.00 以下</td><td>0</td><td rowspan="2">高度（m）</td><td>±0.00 以下</td><td>0</td><td rowspan="2">层数</td><td>±0.00 以下</td><td>0</td></tr>
<tr><td>±0.00 以上</td><td>7278.44</td><td>±0.00 以上</td><td>21.60</td><td>±0.00 以上</td><td>6</td></tr>
<tr><td rowspan="9">建筑装饰工程</td><td>基础</td><td colspan="8">φ400 预制钢筋混凝土管桩</td></tr>
<tr><td>结构形式</td><td colspan="8">现浇钢筋混凝土结构</td></tr>
<tr><td>砌体 / 隔墙</td><td colspan="8">蒸压加气混凝土砌块</td></tr>
<tr><td>屋面工程</td><td colspan="8">反应粘结型高分子湿铺防水卷材、聚氨酯防水涂料、水泥珍珠岩、300mm×300mm 防滑砖（平屋面）、600mm×600mm 防滑砖（上人屋面）</td></tr>
<tr><td>楼地面</td><td colspan="8">细石混凝土楼地面、600mm×600mm 防滑砖、水磨石楼地面</td></tr>
<tr><td>天棚</td><td colspan="8">满刮腻子</td></tr>
<tr><td>内墙面</td><td colspan="8">300mm×450mm 釉面砖、300mm×450mm 瓷片</td></tr>
<tr><td>外墙面</td><td colspan="8">45mm×95mm 纸皮砖、60mm×240mm 仿古透水青砖片</td></tr>
<tr><td>门窗</td><td colspan="8">钢板门、钢质防火门、铝合金门窗（透明玻璃、磨砂玻璃、钢化玻璃）、铝合金百叶窗</td></tr>
<tr><td rowspan="4">机电安装工程</td><td>电气</td><td colspan="8">配电箱 221 台</td></tr>
<tr><td>给排水</td><td colspan="8">冷热水系统：PPR 管；排水系统：U-PVC 管</td></tr>
<tr><td>智能化</td><td colspan="8">网络系统、广播系统、视频监控系统</td></tr>
<tr><td>消防</td><td colspan="8">消火栓系统、火灾自动报警系统</td></tr>
</table>

工程造价指标分析表　　表 1-1-2

建筑面积：7278.44m²　　经济指标：3232.11元/m²

专业	工程造价（万元）	造价比例	经济指标（元/m²）
建筑装饰工程	1960.61	83.34%	2693.72
机电安装工程	391.86	16.66%	538.39

续表

专业			工程造价（万元）	造价比例	经济指标（元/m^2）
其中	建筑装饰工程	建筑	1500.28	63.77%	2061.26
		装修	460.33	19.57%	632.46
	机电安装工程	电气	184.35	7.84%	253.28
		给排水	169.67	7.21%	233.12
		消防	34.39	1.46%	47.25
		智能化	3.45	0.15%	4.74

土建造价含量表 **表 1-1-3**

指标类型				造价含量
混凝土	主体	柱	含量（m^3/m^2）	0.08
			价格（元/m^3）	752.29
		梁、板	含量（m^3/m^2）	0.24
			价格（元/m^3）	697.23
		墙	含量（m^3/m^2）	0.00
			价格（元/m^3）	657.92
		含量小计		0.32
	基础	承台	含量（m^3/m^2）	0.03
			价格（元/m^3）	645.57
		其他基础	含量（m^3/m^2）	0.00
			价格（元/m^3）	678.48
		含量小计		0.03
	其他	其他混凝土	含量（m^3/m^2）	0.03
			价格（元/m^3）	801.21
		含量小计		0.03
	含量合计			0.38
钢筋	钢筋	钢筋	含量（kg/m^2）	52.64
			价格（元/t）	5139.17
		含量小计		52.64
	含量合计			52.64
模板	主体	柱	含量（m^2/m^2）	0.72
			价格（元/m^2）	61.26
		梁、板	含量（m^2/m^2）	1.92
			价格（元/m^2）	66.23
		含量小计		2.64

续表

指标类型				造价含量
模板	基础	其他基础	含量（m^2/m^2）	0.01
			价格（元 /m^2）	28.93
		含量小计		0.01
	其他	其他模板	含量（m^2/m^2）	0.48
			价格（元 /m^2）	54.28
		含量小计		0.48
	含量合计			3.13

机电造价含量表　　　　**表 1-1-4**

专业	部位	系统	单位	总工程量	总价（万元）	百方含量	单方造价（元）
消防	消防报警末端	模块	个	16.00	0.39	0.22	0.54
		小计	—	—	0.39	—	0.54
	消防水	泵	套	1.00	1.40	0.01	1.93
		消火栓箱	套	50.00	4.93	0.69	6.78
		小计	—	—	6.33	—	8.71
电气	管线	电线管	m	16597.59	24.30	228.04	33.38
		电线	m	78225.76	44.67	1074.76	61.38
		电缆	m	2215.83	26.36	30.44	36.22
		线槽、桥架	m	860.49	9.47	11.82	13.01
		小计	—	—	104.80	—	143.99
	终端	开关插座	个	1735.00	18.32	23.84	25.17
		泛光照明灯具	套	1306.00	14.49	17.94	19.91
		小计	—	—	32.81	—	45.08
	设备	配电箱	台	221.00	22.92	3.04	31.49
		小计	—	—	22.92	—	31.49
给排水	末端	洁具、地漏	组	1982.00	47.23	27.23	64.89
		小计	—	—	47.23	—	64.89
	管线	水管	m	7973.70	54.77	109.55	75.25
		阀门	个	546.00	6.41	7.50	8.81
		小计	—	—	61.18	—	84.06
	设备	水箱	台	2.00	8.41	0.03	11.55
		小计	—	—	8.41	—	11.55

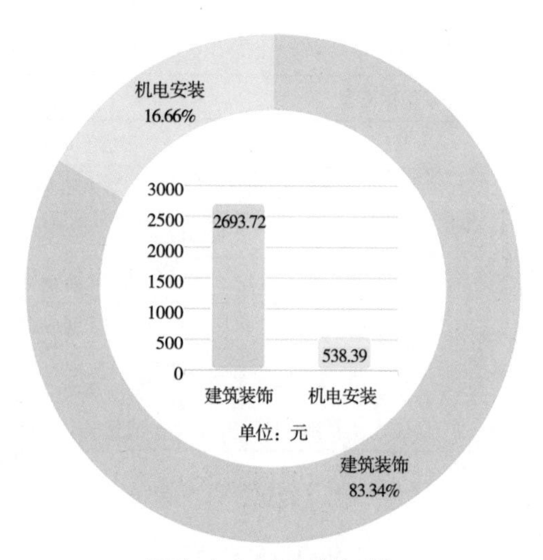

图 1-1-1 专业造价对比

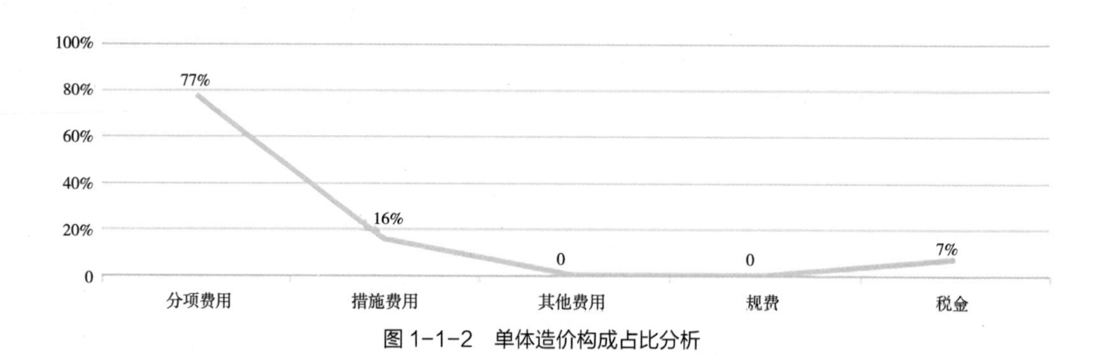

图 1-1-2 单体造价构成占比分析

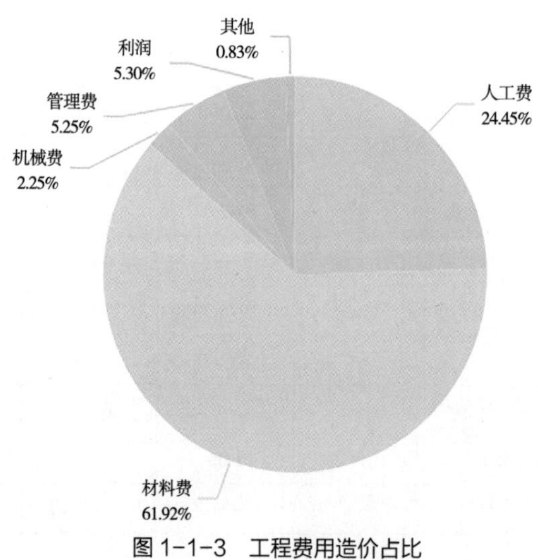

图 1-1-3 工程费用造价占比

某学校学生宿舍楼工程（9层）

工程概况表　　　　表 1-1-5

计价时期	年份	2020	计价地区	省份	广东	建设类型	新建	
	月份	7		城市	广州	工程造价（万元）	12398.85	
专业类别	房建工程		工程类别	居住建筑		计价依据	清单	2013
计税模式	增值税		建筑物类型	集体宿舍			定额	2018
建筑面积（m^2）	±0.00 以下	0	高度（m）	±0.00 以下	0	层数	±0.00 以下	0
	±0.00 以上	30033.80		±0.00 以上	35.00		±0.00 以上	9
建筑装饰工程	基础	ϕ500mm 水泥搅拌桩、满堂基础（有梁式筏形基础）						
	结构形式	现浇钢筋混凝土结构						
	砌体 / 隔墙	蒸压加气混凝土砌块						
	屋面工程	聚氨酯防水涂料、XPS 聚苯板（挤塑板）保温隔热砖、双组分聚氨酯涂膜防水涂料						
	楼地面	600mm × 600mm 耐磨砖、300mm × 300mm 防滑地砖、800mm × 800mm 仿古砖、300mm × 600mm 踏步砖						
	天棚	喷涂无机涂料						
	内墙面	防霉无机涂料、600mm × 300mm 陶瓷砖、45mm × 95mm 纸皮砖						
	外墙面	45mm × 95mm 纸皮砖						
	门窗	钢质防火门、铝合金门窗（透明安全玻璃、透明安全磨砂玻璃）、复合钢门、铝合金百叶窗						
机电安装工程	电气	配电箱 905 台						
	给排水	冷热水系统：PPR 管；排水系统：U-PVC 管、内衬塑钢管						
	通风空调	2 台送风机、5 台消防排烟机、9 台管道排风机						
	智能化	速通门系统、残疾人呼叫系统、五方通话系统、综合布线系统、综合能源管理系统、校园一卡通系统、人脸识别仪器 28 台						
	电梯	电梯 8 部						
	消防	火灾自动报警系统、喷淋系统、消火栓系统、气体灭火系统						
	抗震支架	抗震支吊架						
室外配套		透水地砖、植草砖；给水系统：钢丝网骨架塑料（PE）复合管；排水系统：HDPE 双壁波纹管；消防水系统：钢塑复合管、路灯配电箱、电缆保护管						

工程造价指标分析表　　　　表 1-1-6

建筑面积：30033.80m^2　　　　经济指标：4128.30元/m^2

专业	工程造价（万元）	造价比例	经济指标（元 /m^2）
建筑装饰工程	9081.81	73.25%	3023.86
机电安装工程	2872.09	23.16%	956.29
室外配套工程	444.95	3.59%	148.15

续表

专业			工程造价（万元）	造价比例	经济指标（元/m²）
其中	建筑装饰工程	建筑	6721.59	54.21%	2238.01
		装修	2360.22	19.04%	785.85
	机电安装工程	电气	1030.47	8.31%	343.10
		通风空调	131.35	1.06%	43.74
		给排水	828.82	6.68%	275.96
		消防	532.59	4.30%	177.33
		电梯	194.46	1.57%	64.75
		智能化	90.05	0.73%	29.98
		抗震支架	64.35	0.51%	21.43
	室外配套工程	电气	36.89	0.30%	12.28
		道路	204.58	1.65%	68.12
		给排水	130.77	1.05%	43.54
		消防	5.81	0.05%	1.93
		管网	66.90	0.54%	22.28

土建造价含量表　　表 1-1-7

指标类型				造价含量
混凝土	主体	柱	含量（m^3/m^2）	0.08
			价格（元/m^3）	850.09
		梁、板	含量（m^3/m^2）	0.23
			价格（元/m^3）	734.02
		墙	含量（m^3/m^2）	0.03
			价格（元/m^3）	763.55
		含量小计		0.34
	基础	独立基础	含量（m^3/m^2）	0.15
			价格（元/m^3）	730.11
		其他基础	含量（m^3/m^2）	0.01
			价格（元/m^3）	713.80
		含量小计		0.16
	其他	其他混凝土	含量（m^3/m^2）	0.02
			价格（元/m^3）	955.73
		含量小计		0.02
	含量合计			0.52

续表

指标类型				造价含量
钢筋	钢筋	钢筋	含量（kg/m²）	62.81
			价格（元/t）	5141.94
		含量小计		62.81
	含量合计			62.81
模板	主体	柱	含量（m²/m²）	0.41
			价格（元/m²）	62.01
		梁、板	含量（m²/m²）	1.89
			价格（元/m²）	65.09
		墙	含量（m²/m²）	0.26
			价格（元/m²）	48.21
		含量小计		2.56
	基础	其他基础	含量（m²/m²）	0.18
			价格（元/m²）	47.01
		含量小计		0.18
	其他	其他模板	含量（m²/m²）	0.57
			价格（元/m²）	69.63
		含量小计		0.57
	含量合计			3.31

机电造价含量表　　　　表 1-1-8

专业	部位	系统	单位	总工程量	总价（万元）	百方含量	单方造价（元）
消防	消防报警末端	广播	个	471.00	7.20	1.57	2.40
		模块	个	429.00	15.75	1.43	5.24
		温感、烟感	个	2171.00	41.63	7.23	13.86
		小计	—	—	64.58	—	21.50
	消防水	喷头	个	3102.00	20.47	10.33	6.81
		消火栓箱	套	241.00	11.26	0.80	3.75
		小计	—	—	31.73	—	10.56
	消防电设备	广播主机	台	3.00	4.33	0.01	1.44
		报警主机	台	10.00	6.24	0.03	2.08
		电话主机	台	1.00	1.07	0.00	0.36
		小计	—	—	11.64	—	3.88

续表

专业	部位	系统	单位	总工程量	总价（万元）	百方含量	单方造价（元）
电气	管线	母线	m	649.66	168.54	2.16	56.12
		电线管	m	96141.71	139.04	320.11	46.30
		电线	m	339527.19	170.94	1130.48	56.92
		电缆	m	6687.89	137.28	22.27	45.71
		线槽、桥架	m	3680.88	47.20	12.26	15.72
		小计	—	—	663.00	—	220.77
	终端	开关插座	个	10576.00	75.26	35.21	25.06
		泛光照明灯具	套	6071.00	70.61	20.21	23.51
		小计	—	—	145.87	—	48.57
	设备	配电箱	台	905.00	112.82	3.01	37.57
		高低压配电柜	台	9.00	0.24	0.03	0.08
		小计	—	—	113.06	—	37.65
给排水	末端	洁具、地漏	组	6049.00	106.63	20.14	35.50
		小计	—	—	106.63	—	35.50
	管线	水管	m	43922.08	301.09	146.24	100.25
		阀门	个	2984.00	105.69	9.94	35.19
		小计	—	—	406.78	—	135.44
	设备	水箱	台	10.00	91.02	0.03	30.30
		小计	—	—	91.02	—	30.30
通风空调	保温	风阀	个	146.00	15.84	0.49	5.28
		小计	—	—	15.84	—	5.28
	末端	风口	个	125.00	9.82	0.42	3.27
		小计	—	—	9.82	—	3.27
	管线	风管	m^2	3689.70	75.35	12.29	25.09
		小计	—	—	75.35	—	25.09
	设备	风机	台	18.00	17.72	0.06	5.90
		小计	—	—	17.72	—	5.90

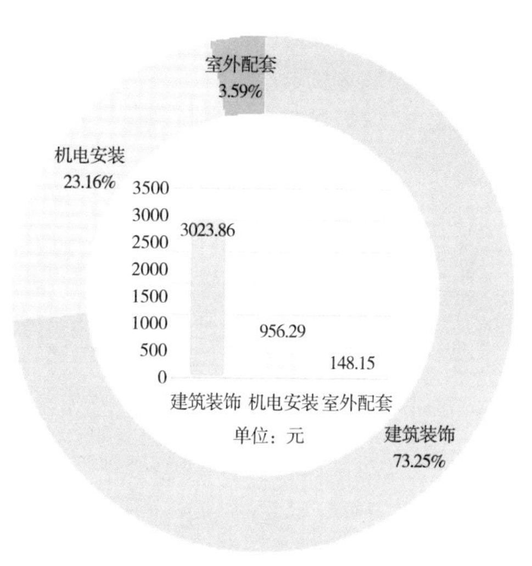

图 1-1-4　专业造价对比

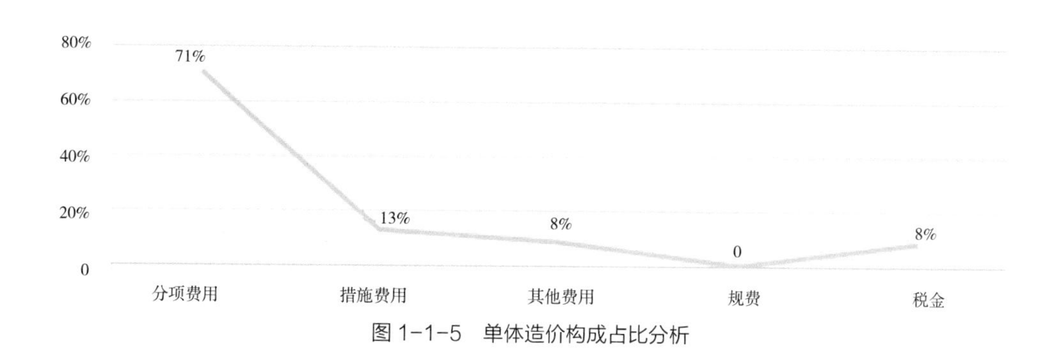

图 1-1-5　单体造价构成占比分析

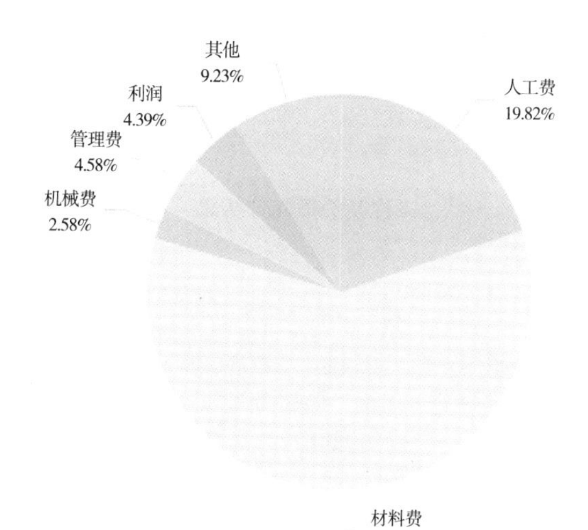

图 1-1-6　工程费用造价占比

某中学学生宿舍楼工程（11层）

工程概况表　　　　表 1-1-9

<table>
<tr><td rowspan="2">计价时期</td><td>年份</td><td>2019</td><td rowspan="2">计价地区</td><td>省份</td><td>广东</td><td>建设类型</td><td colspan="2">新建</td></tr>
<tr><td>月份</td><td>4</td><td>城市</td><td>广州</td><td>工程造价（万元）</td><td colspan="2">6195.46</td></tr>
<tr><td>专业类别</td><td colspan="2">房建工程</td><td>工程类别</td><td colspan="2">居住建筑</td><td rowspan="2">计价依据</td><td>清单</td><td>2013</td></tr>
<tr><td>计税模式</td><td colspan="2">增值税</td><td>建筑物类型</td><td colspan="2">集体宿舍</td><td>定额</td><td>2018</td></tr>
<tr><td rowspan="2">建筑面积（m²）</td><td>±0.00 以下</td><td>0</td><td rowspan="2">高度（m）</td><td>±0.00 以下</td><td>0</td><td rowspan="2">层数</td><td>±0.00 以下</td><td>0</td></tr>
<tr><td>±0.00 以上</td><td>16689.40</td><td>±0.00 以上</td><td>41.70</td><td>±0.00 以上</td><td>11</td></tr>
<tr><td rowspan="8">建筑装饰工程</td><td>结构形式</td><td colspan="7">现浇钢筋混凝土结构</td></tr>
<tr><td>砌体 / 隔墙</td><td colspan="7">蒸压加气混凝土砌块</td></tr>
<tr><td>屋面工程</td><td colspan="7">高聚物改性沥青防水卷材、300mm×300mm 防滑砖</td></tr>
<tr><td>楼地面</td><td colspan="7">600mm×600mm 防滑砖、600mm×600mm 仿古砖、600mm×600mm 耐磨砖、水磨石楼地面</td></tr>
<tr><td>天棚</td><td colspan="7">无机涂料、石膏板吊顶、铝合金格栅吊顶、PVC 条扣板吊顶</td></tr>
<tr><td>内墙面</td><td colspan="7">300mm×600mm 陶瓷砖、无机涂料</td></tr>
<tr><td>外墙面</td><td colspan="7">陶瓷砖</td></tr>
<tr><td>门窗</td><td colspan="7">钢质防火门、夹板门、铝合金门窗（钢化中空玻璃、磨砂玻璃）</td></tr>
<tr><td rowspan="6">机电安装工程</td><td>电气</td><td colspan="7">配电箱 133 台</td></tr>
<tr><td>给排水</td><td colspan="7">空气源热泵机组；冷热水系统：PPR 管、不锈钢管；排水系统：U-PVC 管</td></tr>
<tr><td>通风空调</td><td colspan="7">送风机 6 台</td></tr>
<tr><td>智能化</td><td colspan="7">有线电视系统、空调自控系统、综合布线系统、视频监控系统、门禁系统</td></tr>
<tr><td>电梯</td><td colspan="7">客梯 6 部、无障碍货梯兼消防电梯 1 部</td></tr>
<tr><td>消防</td><td colspan="7">消火栓系统、喷淋系统、火灾自动报警系统、余压监控系统、防火门监控系统</td></tr>
</table>

工程造价指标分析表　　　　表 1-1-10

建筑面积：16689.40m²　　　　经济指标：3712.21元/m²

<table>
<tr><td colspan="3">专业</td><td>工程造价（万元）</td><td>造价比例</td><td>经济指标（元/m²）</td></tr>
<tr><td colspan="3">建筑装饰工程</td><td>4203.55</td><td>67.85%</td><td>2518.69</td></tr>
<tr><td colspan="3">机电安装工程</td><td>1991.91</td><td>32.15%</td><td>1193.52</td></tr>
<tr><td rowspan="2">其中</td><td rowspan="2">建筑装饰工程</td><td>建筑</td><td>2473.48</td><td>39.92%</td><td>1482.06</td></tr>
<tr><td>装修</td><td>1730.07</td><td>27.93%</td><td>1036.63</td></tr>
</table>

续表

专业			工程造价（万元）	造价比例	经济指标（元/m²）
其中	机电安装工程	电气	646.82	10.44%	387.56
		通风空调	26.35	0.43%	15.79
		给排水	881.40	14.23%	528.12
		消防	272.08	4.39%	163.03
		电梯	135.25	2.18%	81.04
		智能化	30.01	0.48%	17.98

土建造价含量表　　**表 1-1-11**

指标类型				造价含量
混凝土	主体	柱	含量（m³/m²）	0.08
			价格（元/m³）	831.88
		梁、板	含量（m³/m²）	0.22
			价格（元/m³）	679.09
		墙	含量（m³/m²）	0.03
			价格（元/m³）	703.99
		含量小计		0.33
	其他	其他混凝土	含量（m³/m²）	0.07
			价格（元/m³）	767.16
		含量小计		0.07
	含量合计			0.40
钢筋	钢筋	钢筋	含量（kg/m²）	56.63
			价格（元/t）	5275.25
		含量小计		56.63
	含量合计			56.63
模板	主体	柱	含量（m²/m²）	0.27
			价格（元/m²）	61.57
		梁、板	含量（m²/m²）	1.11
			价格（元/m²）	64.01
		墙	含量（m²/m²）	0.28
			价格（元/m²）	46.11
		含量小计		1.66
	其他	其他模板	含量（m²/m²）	0.47
			价格（元/m²）	88.55
		含量小计		0.47
	含量合计			2.13

机电造价含量表　　表 1-1-12

专业	部位	系统	单位	总工程量	总价（万元）	百方含量	单方造价（元）
消防	消防报警末端	广播	个	107.00	1.23	0.64	0.74
		模块	个	198.00	6.62	1.19	3.97
		温感、烟感	个	373.00	6.45	2.23	3.86
		小计	—	—	14.30	—	8.57
	消防水	喷头	个	2773.00	22.45	16.62	13.45
		消火栓箱	套	104.00	17.63	0.62	10.56
		小计	—	—	40.08	—	24.01
	消防电设备	广播主机	台	1.00	0.31	0.01	0.18
		报警主机	台	2.00	2.88	0.01	1.73
		小计	—	—	3.19	—	1.91
电气	管线	母线	m	513.37	131.43	3.08	78.75
		电线管	m	36338.76	77.78	217.74	46.61
		电线	m	120639.15	51.48	722.85	30.84
		电缆	m	6580.73	186.30	39.43	111.63
		线槽、桥架	m	1537.98	28.87	9.22	17.30
		小计	—	—	475.86	—	285.13
	终端	开关插座	个	2721.00	28.99	16.30	17.37
		泛光照明灯具	套	3201.24	39.48	19.18	23.65
		小计	—	—	68.47	—	41.02
	设备	配电箱	台	133.00	32.29	0.80	19.35
		小计	—	—	32.29	—	19.35
给排水	末端	洁具、地漏	组	3566.00	54.71	21.37	32.78
		小计	—	—	54.71	—	32.78
	管线	水管	m	56246.44	408.04	337.02	244.49
		阀门	个	2101.00	196.61	12.59	117.80
		小计	—	—	604.65	—	362.29
通风空调	保温	风阀	个	26.00	1.78	0.16	1.07
		小计	—	—	1.78	—	1.07
	末端	风口	个	22.00	1.14	0.13	0.68
		小计	—	—	1.14	—	0.68
	管线	风管	m^2	384.92	7.44	2.31	4.46
		小计	—	—	7.44	—	4.46
	设备	风机	台	6.00	11.53	0.04	6.91
		小计	—	—	11.53	—	6.91

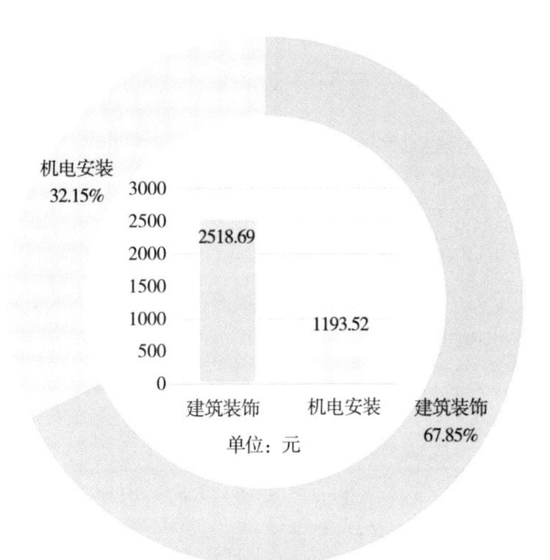

图 1-1-7　专业造价对比

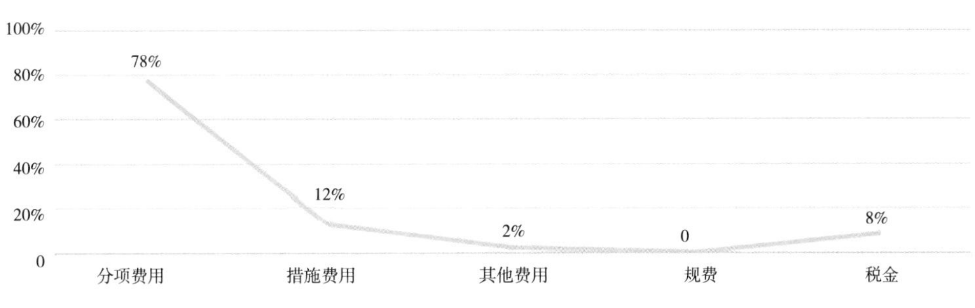

图 1-1-8　单体造价构成占比分析

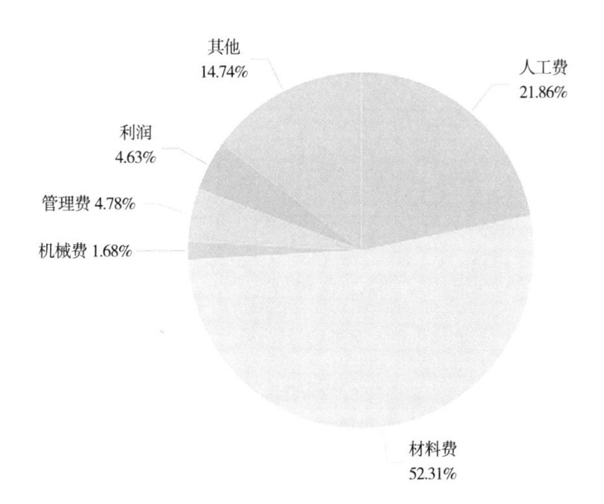

图 1-1-9　工程费用造价占比

某培训宿舍楼工程（16层）

工程概况表　　表 1-1-13

<table>
<tr><td rowspan="2" colspan="2">计价时期</td><td>年份</td><td>2020</td><td rowspan="2">计价地区</td><td>省份</td><td>广东</td><td>建设类型</td><td colspan="2">新建</td></tr>
<tr><td>月份</td><td>3</td><td>城市</td><td>清远</td><td>工程造价（万元）</td><td colspan="2">13822.92</td></tr>
<tr><td colspan="2">专业类别</td><td colspan="2">房建工程</td><td>工程类别</td><td colspan="2">居住建筑</td><td rowspan="2">计价依据</td><td>清单</td><td>2013</td></tr>
<tr><td colspan="2">计税模式</td><td colspan="2">增值税</td><td>建筑物类型</td><td colspan="2">集体宿舍</td><td>定额</td><td>2018</td></tr>
<tr><td rowspan="2" colspan="2">建筑面积（m²）</td><td>±0.00 以下</td><td>21259.08</td><td rowspan="2">高度（m）</td><td>±0.00 以下</td><td>11.90</td><td rowspan="2">层数</td><td>±0.00 以下</td><td>2</td></tr>
<tr><td>±0.00 以上</td><td>20909.61</td><td>±0.00 以上</td><td>54.00</td><td>±0.00 以上</td><td>16</td></tr>
<tr><td rowspan="9">建筑装饰工程</td><td>基础</td><td colspan="8">泥浆护壁成孔灌注桩、满堂基础</td></tr>
<tr><td>结构形式</td><td colspan="8">钢筋混凝土结构</td></tr>
<tr><td>砌体 / 隔墙</td><td colspan="8">蒸压加气混凝土砌块</td></tr>
<tr><td>屋面工程</td><td colspan="8">聚苯乙烯泡沫保温板、聚合物水泥防水、改性沥青防水卷材</td></tr>
<tr><td>楼地面</td><td colspan="8">环氧自流平楼地面、800mm×800mm 抛光砖、800mm×800mm 陶瓷砖、300mm×300mm 防滑地砖</td></tr>
<tr><td>天棚</td><td colspan="8">矿棉板吊顶、石膏板吊顶、铝扣板吊顶、乳胶漆、无机涂料</td></tr>
<tr><td>内墙面</td><td colspan="8">300mm×600mm 抛光砖、抗菌防霉乳胶漆</td></tr>
<tr><td>外墙面</td><td colspan="8">300mm×300mm 釉面砖</td></tr>
<tr><td>门窗</td><td colspan="8">钢质防火门、金属（塑钢）门窗、金属百叶窗、铝合金门窗（中空钢化玻璃）、成品胶合板门</td></tr>
<tr><td rowspan="5">机电安装工程</td><td>电气</td><td colspan="8">配电箱 595 台、高低压配电柜 25 台</td></tr>
<tr><td>给排水</td><td colspan="8">冷热水系统：PPR 管、钢丝网骨架塑料复合管、钢塑复合管；排水系统：U-PVC 管、铸铁管、HDPE 管、钢塑复合管、钢管</td></tr>
<tr><td>通风空调</td><td colspan="8">轴流通风机 58 台</td></tr>
<tr><td>智能化</td><td colspan="8">人员出入管理系统，综合管、箱、柜、桥架系统，视频监控系统，智能抄表系统，网络系统</td></tr>
<tr><td>消防</td><td colspan="8">气体灭火系统、喷淋系统、消火栓系统、自动报警系统、消防电源监控系统、电气火灾监控系统</td></tr>
</table>

工程造价指标分析表　　表 1-1-14

建筑面积：42168.69m²　　经济指标：3278.00元/m²

<table>
<tr><td colspan="3">专业</td><td>工程造价（万元）</td><td>造价比例</td><td>经济指标（元/m²）</td></tr>
<tr><td colspan="3">建筑装饰工程</td><td>11304.73</td><td>81.78%</td><td>2680.83</td></tr>
<tr><td colspan="3">机电安装工程</td><td>2518.19</td><td>18.22%</td><td>597.17</td></tr>
<tr><td rowspan="5">其中</td><td rowspan="2">建筑装饰工程</td><td>建筑</td><td>8754.61</td><td>63.33%</td><td>2076.09</td></tr>
<tr><td>装修</td><td>2550.12</td><td>18.45%</td><td>604.74</td></tr>
<tr><td rowspan="3">机电安装工程</td><td>电气</td><td>934.97</td><td>6.77%</td><td>221.72</td></tr>
<tr><td>通风空调</td><td>232.58</td><td>1.68%</td><td>55.15</td></tr>
<tr><td>给排水</td><td>517.14</td><td>3.74%</td><td>122.64</td></tr>
</table>

续表

专业			工程造价（万元）	造价比例	经济指标（元/m²）
其中	机电安装工程	消防	595.62	4.31%	141.25
		智能化	237.88	1.72%	56.41

土建造价含量表　　表 1-1-15

指标类型				造价含量
混凝土	主体	柱	含量（m³/m²）	0.05
			价格（元/m³）	833.27
		梁、板	含量（m³/m²）	0.24
			价格（元/m³）	701.21
		墙	含量（m³/m²）	0.09
			价格（元/m³）	757.15
		含量小计		0.38
	基础	承台	含量（m³/m²）	0.02
			价格（元/m³）	707.45
		其他基础	含量（m³/m²）	0.17
			价格（元/m³）	707.36
		含量小计		0.19
	其他	其他混凝土	含量（m³/m²）	0.03
			价格（元/m³）	798.98
		含量小计		0.03
	含量合计			0.60
钢筋	钢筋	钢筋	含量（kg/m²）	64.39
			价格（元/t）	5425.41
		含量小计		64.39
	含量合计			64.39
模板	主体	柱	含量（m²/m²）	0.24
			价格（元/m²）	69.74
		梁、板	含量（m²/m²）	1.53
			价格（元/m²）	77.38
		墙	含量（m²/m²）	0.45
			价格（元/m²）	51.07
		含量小计		2.22
	基础	其他基础	含量（m²/m²）	0.04
			价格（元/m²）	48.87
		含量小计		0.04
	其他	其他模板	含量（m²/m²）	0.16
			价格（元/m²）	66.91
		含量小计		0.16
	含量合计			2.42

机电造价含量表 表 1-1-16

专业	部位	系统	单位	总工程量	总价（万元）	百方含量	单方造价（元）
消防	消防报警末端	广播	个	146.00	2.75	0.35	0.65
		模块	个	419.00	12.92	0.99	3.06
		温感、烟感	个	1471.00	21.44	3.49	5.08
		小计	—	—	37.11	—	8.79
	消防水	喷头	个	4466.00	26.59	10.59	6.31
		消火栓箱	套	176.00	20.50	0.42	4.86
		小计	—	—	47.09	—	11.17
电气	管线	母线	m	74.25	17.05	0.18	4.04
		电线管	m	77419.89	158.92	183.60	37.69
		电线	m	211571.74	100.07	501.73	23.73
		电缆	m	20376.41	337.78	48.32	80.10
		线槽、桥架	m	2538.23	39.68	6.02	9.41
		小计	—	—	653.50	—	154.97
	终端	开关插座	个	6221.00	42.20	14.75	10.01
		泛光照明灯具	套	7038.00	72.64	16.69	17.23
		小计	—	—	114.84	—	27.24
	设备	配电箱	台	595.00	78.95	1.41	18.72
		高低压配电柜	台	25.00	38.42	0.06	9.11
		小计	—	—	117.37	—	27.83
给排水	末端	洁具、地漏	组	2084.00	60.35	4.94	14.31
		小计	—	—	60.35	—	14.31
	管线	水管	m	20808.92	191.63	49.35	45.44
		阀门	个	1615.00	41.74	3.83	9.90
		小计	—	—	233.37	—	55.34
	设备	水箱	台	4.00	15.53	0.01	3.68
		泵	套	72.00	24.72	0.17	5.86
		小计	—	—	40.25	—	9.54
通风空调	保温	风阀	个	382.00	16.34	0.91	3.88
		小计	—	—	16.34	—	3.88
	末端	风口	个	709.00	10.91	1.68	2.59
		小计	—	—	10.91	—	2.59
	管线	风管	m^2	6128.78	144.12	14.53	34.18
		小计	—	—	144.12	—	34.18
	设备	空调器	台	3.00	1.66	0.01	0.39
		风机	台	58.00	39.12	0.14	9.28
		小计	—	—	40.78	—	9.67

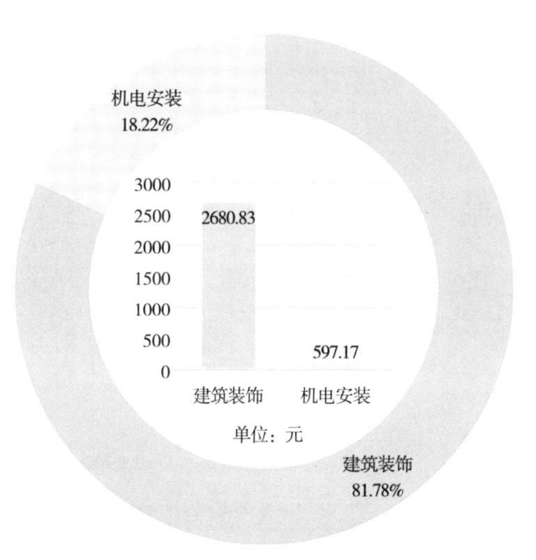

图1-1-10　专业造价对比

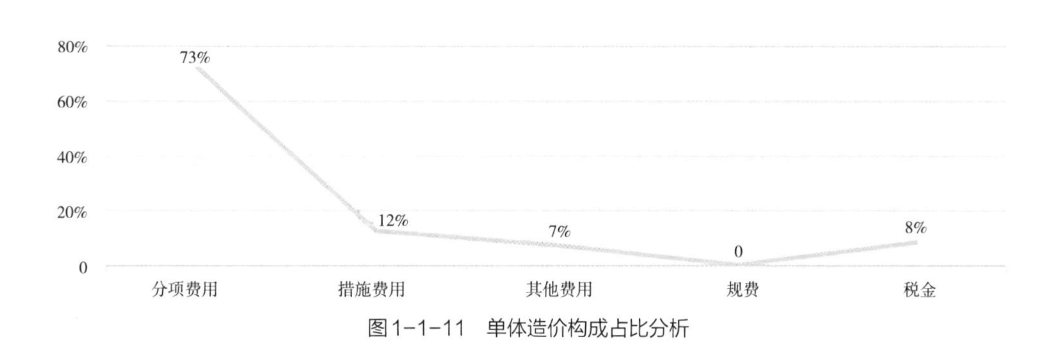

图1-1-11　单体造价构成占比分析

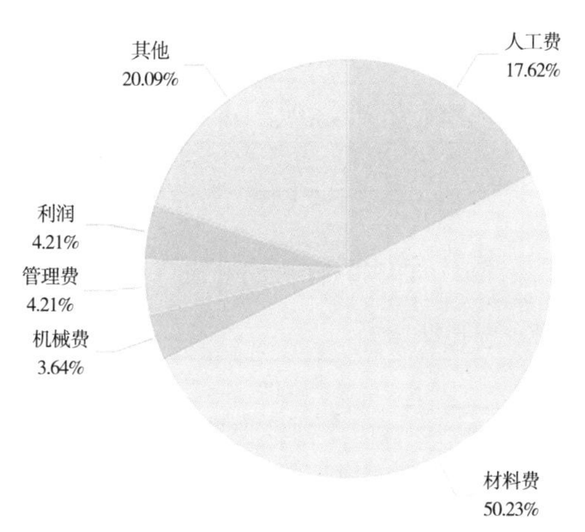

图1-1-12　工程费用造价占比

某学生宿舍楼工程（31层）

工程概况表 表 1-1-17

计价时期	年份	2017	计价地区	省份	广东	建设类型	新建	
	月份	11		城市	广州	工程造价（万元）	24409.56	
专业类别	房建工程		工程类别	居住建筑		计价依据	清单	2013
计税模式	增值税		建筑物类型	集体宿舍			定额	2010
建筑面积（m^2）	±0.00以下	14970.37	高度（m）	±0.00以下	15.90	层数	±0.00以下	4
	±0.00以上	40201.24		±0.00以上	99.60		±0.00以上	31
建筑装饰工程	基础	满堂基础						
	结构形式	现浇钢筋混凝土结构						
	砌体/隔墙	蒸压加气混凝土砌块						
	屋面工程	高分子防水涂料、高分子防水卷材、聚苯乙烯泡沫保温板						
	楼地面	环氧自流平楼地面、花岗石楼地面、800mm×800mm抛光砖、600mm×300mm防滑耐磨砖、400mm×400mm耐磨砖、150mm×600mm仿木纹地板砖、PVC导盲砖						
	天棚	石膏板吊顶、条形铝扣板吊顶、铝合金格栅吊顶、有机灯片吊顶、硅酸钙板吊顶、铝合金百叶吊顶、乳胶漆、钢结构玻璃雨篷（夹胶钢化玻璃）						
	内墙面	乳胶漆、干挂大理石墙面、挂贴花岗石墙面、300mm×450mm陶瓷砖、铝塑板、枫木纹饰面板、钢化玻璃墙面						
	外墙面	玻璃幕墙、仿石漆、陶瓷砖、50mm×150mm通体砖、铝单板饰面						
	门窗	钢质防火门、密闭门木质门、防火卷帘门、铝合金窗（钢化镀膜玻璃）、不锈钢门、铝合金百叶窗						
	其他	玻璃隔断（钢化玻璃）						
机电安装工程	电气	配电箱2313台、高低压配电柜26台						
	给排水	冷水系统：衬塑无缝钢管、不锈钢管、PPR管；热水系统：PEX管、不锈钢波纹管；排水系统：U-PVC管						
	通风空调	全新风空气处理机组5台						
	智能化	综合布线系统、有线电视系统、公共广播系统、信息发布系统、空气质量监测及风机联动控制系统、智能专网安防集成系统、门禁系统、视频监控系统						
	电梯	客梯7层2部、客梯21层6部、客梯31层4部、货梯（兼消防电梯）1部、客梯36层（兼无障碍消防电梯）2部、自动扶梯1部						
	消防	火灾自动报警系统、消火栓系统、喷淋系统、气体灭火系统、水炮系统						
	抗震支架	抗震支吊架						

工程造价指标分析表 表 1-1-18

建筑面积：55171.61m^2　　经济指标：4424.30元/m^2

专业	工程造价（万元）	造价比例	经济指标（元/m^2）
建筑装饰工程	18156.03	74.38%	3290.83
机电安装工程	6243.89	25.58%	1131.72

续表

专业			工程造价（万元）	造价比例	经济指标（元/m²）
其他			9.64	0.04%	1.75
其中	建筑装饰工程	建筑	12488.28	51.16%	2263.53
		装修	5667.75	23.22%	1027.30
	机电安装工程	电气	1714.30	7.03%	310.72
		通风空调	526.26	2.16%	95.39
		给排水	1053.06	4.31%	190.87
		消防	993.34	4.07%	180.05
		电梯	632.43	2.59%	114.63
		智能化	933.03	3.82%	169.11
		抗震支架	325.85	1.33%	59.06
		措施、其他费用	65.62	0.27%	11.89
	其他	标识	9.64	0.04%	1.75

土建造价含量表　　表 1-1-19

指标类型				造价含量
混凝土	主体	柱	含量（m³/m²）	0.08
			价格（元/m³）	612.54
		梁、板	含量（m³/m²）	0.25
			价格（元/m³）	509.59
		墙	含量（m³/m²）	0.09
			价格（元/m³）	586.97
		含量小计		0.42
	基础	承台	含量（m³/m²）	0.01
			价格（元/m³）	549.62
		独立基础	含量（m³/m²）	0.00
			价格（元/m³）	504.93
		其他基础	含量（m³/m²）	0.11
			价格（元/m³）	500.48
		含量小计		0.12

续表

指标类型				造价含量
混凝土	其他	其他混凝土	含量（m^3/m^2）	0.02
			价格（元 /m^3）	655.04
		含量小计		0.02
	含量合计			0.56
钢筋	钢筋	钢筋	含量（kg/m^2）	91.35
			价格（元 /t）	4375.25
		含量小计		91.35
	含量合计			91.35
模板	主体	柱	含量（m^2/m^2）	0.31
			价格（元 /m^2）	67.82
		梁、板	含量（m^2/m^2）	2.26
			价格（元 /m^2）	61.29
		墙	含量（m^2/m^2）	0.67
			价格（元 /m^2）	39.17
		含量小计		3.24
	基础	其他基础	含量（m^2/m^2）	0.00
			价格（元 /m^2）	27.99
		含量小计		0.00
	其他	其他模板	含量（m^2/m^2）	0.68
			价格（元 /m^2）	63.47
		含量小计		0.68
	含量合计			3.92

机电造价含量表 **表 1-1-20**

专业	部位	系统	单位	总工程量	总价（万元）	百方含量	单方造价（元）
消防	消防报警末端	模块	个	1700.00	64.57	3.08	11.70
		温感、烟感	个	2221.00	37.94	4.03	6.88
		小计	—	—	102.51	—	18.58
	消防水	喷头	个	11955.00	62.78	21.67	11.38
		消火栓箱	套	307.00	59.87	0.56	10.85
		小计	—	—	122.65	—	22.23

续表

专业	部位	系统	单位	总工程量	总价（万元）	百方含量	单方造价（元）
消防	消防电设备	广播主机	台	1.00	0.46	0.00	0.08
		报警主机	台	2.00	5.19	0.00	0.94
		电话主机	台	2.00	0.58	0.00	0.11
		小计	—	—	6.23	—	1.13
电气	管线	母线	m	430.10	147.76	0.78	26.78
		电线管	m	115313.53	264.25	209.01	47.90
		电线	m	480746.90	203.89	871.37	36.96
		电缆	m	19277.68	298.05	34.94	54.02
		线槽、桥架	m	4307.10	56.90	7.81	10.31
		小计	—	—	970.85	—	175.97
	终端	开关插座	个	20080.00	80.01	36.40	14.50
		泛光照明灯具	套	23285.50	205.05	42.21	37.17
		小计	—	—	285.06	—	51.67
	设备	配电箱	台	2313.00	284.80	4.19	51.62
		高低压配电柜	台	26.00	130.64	0.05	23.68
		小计	—	—	415.44	—	75.30
给排水	末端	洁具、地漏	组	5648.00	170.66	10.24	30.93
		小计	—	—	170.66	—	30.93
	管线	水管	m	45258.80	510.56	82.03	92.54
		阀门	个	6914.00	179.49	12.53	32.53
		小计	—	—	690.05	—	125.07
	设备	水箱	台	14.00	59.24	0.03	10.74
		泵	套	55.00	118.67	0.10	21.51
		小计	—	—	177.91	—	32.25
通风空调	保温	风阀	个	3374.96	107.69	6.12	19.52
		小计	—	—	107.69	—	19.52
	末端	风口	个	2686.00	52.06	4.87	9.44
		小计	—	—	52.06	—	9.44
	管线	风管	m^2	6445.21	141.44	11.68	25.64
		小计	—	—	141.44	—	25.64
	设备	空调器	台	84.00	76.00	0.15	13.78
		风机	台	48.00	42.34	0.09	7.67
		小计	—	—	118.34	—	21.45

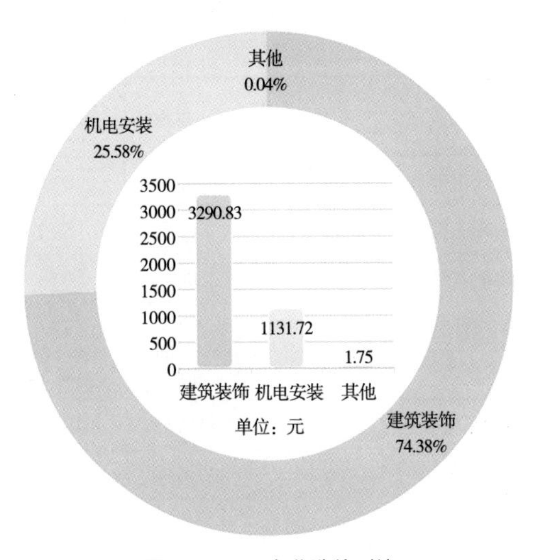

图1-1-13　专业造价对比

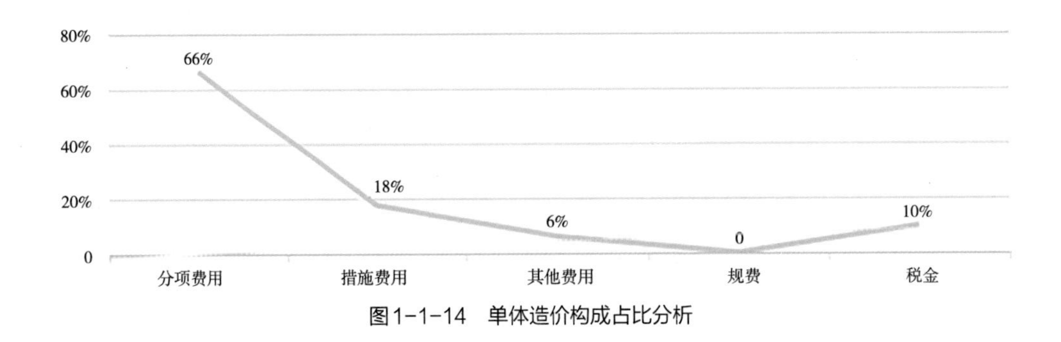

图1-1-14　单体造价构成占比分析

图1-1-15　工程费用造价占比

某安居房工程（23~28 层）

项目造价汇总表　　　　表 1-1-21

计价时期	年	月	地区	省	市	建设类型	新建
	2018	8		广东	珠海	项目总造价（万元）	27095.77
专业类别	房建工程		计价依据	清单	2013	建筑面积（m^2）	72191.96
计税模式	增值税			定额	2010	经济指标（元/m^2）	3753.29
单项工程			工程造价（万元）	造价比例	计量基础建筑面积（m^2）	单方造价（元/m^2）	
地下室			10180.85	37.57%	22199.46	4586.08	
1 栋（4~23 层住宅）			7440.03	27.46%	18885.26	3939.60	
2 栋（4~28 层住宅）			6447.69	23.80%	23272.95	2770.46	
裙楼（3 层）			1753.30	6.47%	7834.29	2237.98	
其他工程			1273.91	4.70%	49992.5	254.82	

工程概况表　　　　表 1-1-22

计价时期		年份	2018	计价地区	省份	广东	建设类型	新建	
		月份	8		城市	珠海	工程造价（万元）	27095.77	
专业类别		房建工程		工程类别	居住建筑		计价依据	清单	2013
计税模式		增值税		建筑物类型	普通住宅			定额	2010
建筑面积（m^2）		±0.00 以下	22199.46	高度（m）	±0.00 以下	9.30	层数	±0.00 以下	2
		±0.00 以上	49992.50		±0.00 以上	84.60/107.30		±0.00 以上	23/28
建筑装饰工程	基础	旋挖灌注桩、满堂基础							
	结构形式	钢筋混凝土结构							
	砌体 / 隔墙	蒸压加气混凝土砌块、蒸压泡沫混凝土砌块、水泥砖、预制蒸压轻质砂加气混凝土板							
	屋面工程	聚苯乙烯泡沫保温板、高分子防水卷材、高分子涂膜防水、聚合物水泥防水涂料							
	楼地面	环氧自流平楼地面、600mm×600mm 防滑砖（楼梯间前室）、600mm×600mm 抛光砖（楼梯间）、运动专用木地板（室内运动场）、地胶板							
	天棚	乳胶漆、索林根挂片吊顶、铝扣板吊顶、埃特板吊顶							
	内墙面	乳胶漆、肌理墙面漆、300mm×600mm 陶瓷砖、300mm×600mm 釉面砖							
	外墙面	外墙涂料、明框玻璃幕墙（6TLow-E+9A+6mm 钢化中空玻璃）（部分墙面）							
	门窗	钢质防火门、铝合金门窗（钢化中空玻璃）、防火固定窗、钢结构窗（钢化中空玻璃）、实木门、成品淋浴门							

续表

机电安装工程	电气	配电箱 1559 台，高低压配电柜 58 台
	给排水	冷热水系统：PPR 管、不锈钢管；排水系统：铸铁管、U-PVC 管
	通风空调	板式热交换器 4 台、卧式风柜 24 台、卧式暗装风机盘管 18 台
	智能化	综合布线系统、光纤入户系统、门禁系统、视频监控系统、电子巡查系统、信息发布系统、电梯五方对讲系统、能源管理系统、停车场管理系统、背景音乐系统、体育馆多媒体扩声系统、体育馆显示系统、多功能厅多媒体扩声系统、无线 WiFi 覆盖系统、有线电视系统
	电梯	电梯 13 部
	消防	火灾自动报警系统、电气火灾监控系统、消防电源监控系统、防火门监控系统、气体灭火系统、消火栓系统、喷淋系统、防排烟系统
	燃气	无缝钢管（只做到单体的供气点）
	抗震支架	抗震支吊架
人防工程		人防电气工程、人防通风空调、人防给排水工程、防护密闭门

工程造价指标分析表 表 1-1-23

建筑面积：72191.96m^2 经济指标：3753.29元/m^2

专业			工程造价（万元）	造价比例	经济指标（元/m^2）
建筑装饰工程			19095.13	70.47%	2645.05
机电安装工程			6790.19	25.06%	940.57
人防工程			416.75	1.54%	57.73
其他			793.70	2.93%	109.94
其中	建筑装饰工程	建筑	15831.67	58.43%	2193.00
		装修	3263.46	12.05%	452.05
	机电安装工程	电气	2589.01	9.56%	358.63
		通风空调	1137.56	4.20%	157.57
		给排水	1023.22	3.78%	141.74
		消防	888.07	3.28%	123.02
		电梯	407.17	1.50%	56.40
		燃气	0.51	0.00%	0.07
		智能化	474.40	1.75%	65.71
		抗震支架	270.25	1.00%	37.43
	人防工程	电气	76.65	0.28%	10.62
		给排水	85.17	0.31%	11.80
		人防门	183.94	0.68%	25.48
		暖通	70.99	0.26%	9.83
	其他	家具	496.74	1.83%	68.81
		家电	296.96	1.10%	41.13

土建造价含量表　　　　表 1-1-24

指标类型				造价含量
混凝土	主体	柱	含量（m^3/m^2）	0.08
			价格（元 /m^3）	794.87
		梁、板	含量（m^3/m^2）	0.26
			价格（元 /m^3）	715.56
		墙	含量（m^3/m^2）	0.09
			价格（元 /m^3）	779.51
		含量小计		0.43
	基础	承台	含量（m^3/m^2）	0.02
			价格（元 /m^3）	751.80
		其他基础	含量（m^3/m^2）	0.11
			价格（元 /m^3）	707.23
		含量小计		0.13
	其他	其他混凝土	含量（m^3/m^2）	0.01
			价格（元 /m^3）	1346.91
		含量小计		0.01
	含量合计			0.56
钢筋	钢筋	钢筋	含量（kg/m^2）	101.19
			价格（元 /t）	4870.09
		含量小计		101.19
	含量合计			101.19
模板	主体	柱	含量（m^2/m^2）	0.31
			价格（元 /m^2）	57.50
		梁、板	含量（m^2/m^2）	1.51
			价格（元 /m^2）	56.95
		墙	含量（m^2/m^2）	0.57
			价格（元 /m^2）	44.12
		含量小计		2.39
	基础	其他基础	含量（m^2/m^2）	0.01
			价格（元 /m^2）	28.37
		含量小计		0.01
	其他	其他模板	含量（m^2/m^2）	0.46
			价格（元 /m^2）	58.05
		含量小计		0.46
	含量合计			2.86

机电造价含量表 表 1-1-25

专业	部位	系统	单位	总工程量	总价（万元）	百方含量	单方造价（元）
消防	消防报警末端	广播	个	563.00	3.63	0.78	0.50
		模块	个	688.00	13.79	0.95	1.91
		温感、烟感	个	2881.00	31.97	3.99	4.43
		小计	—	—	49.39	—	6.84
	消防水	喷头	个	8711.00	31.15	12.07	4.32
		泵	套	4.00	30.48	0.01	4.22
		消火栓箱	套	309.00	30.17	0.43	4.18
		小计	—	—	91.80	—	12.72
	消防电设备	广播主机	台	5.00	1.54	0.01	0.21
		报警主机	台	8.00	6.61	0.01	0.92
		小计	—	—	8.15	—	1.13
电气	管线	电线管	m	143348.98	185.28	198.57	25.66
		电线	m	404429.44	250.44	560.21	34.69
		电缆	m	63850.27	885.04	88.45	122.60
		线槽、桥架	m	10599.12	101.66	14.68	14.08
		小计	—	—	1422.42	—	197.03
	终端	开关插座	个	28774.00	87.22	39.86	12.08
		泛光照明灯具	套	26814.13	141.42	37.14	19.59
		小计	—	—	228.64	—	31.67
	设备	发电机	台	1.00	50.01	0.00	6.93
		配电箱	台	8275.00	316.56	11.46	43.85
		高低压配电柜	台	58.00	189.76	0.08	26.29
		小计	—	—	556.33	—	77.06
给排水	末端	洁具、地漏	组	8106.00	214.40	11.23	29.70
		小计	—	—	214.40	—	29.70
	管线	水管	m	77580.41	381.44	107.46	52.84
		阀门	个	2923.00	55.61	4.05	7.70
		小计	—	—	437.05	—	60.54
	设备	水箱	台	2.00	7.72	0.00	1.07
		泵	套	26.00	42.22	0.04	5.85
		小计	—	—	49.94	—	6.92
通风空调	保温	风阀	个	2877.00	41.40	3.99	5.73
		小计	—	—	41.40	—	5.73
	末端	风口	个	4225.00	78.98	5.85	10.94
		风机盘管	台	1280.00	119.10	1.77	16.50
		小计	—	—	198.08	—	27.44
	管线	风管	m^2	9835.39	173.33	13.62	24.01
		小计	—	—	173.33	—	24.01
	设备	泵	套	6.00	32.86	0.01	4.55
		空调器	台	35.00	103.51	0.05	14.34
		风机	台	52.00	31.62	0.07	4.38
		小计	—	—	167.99	—	23.27

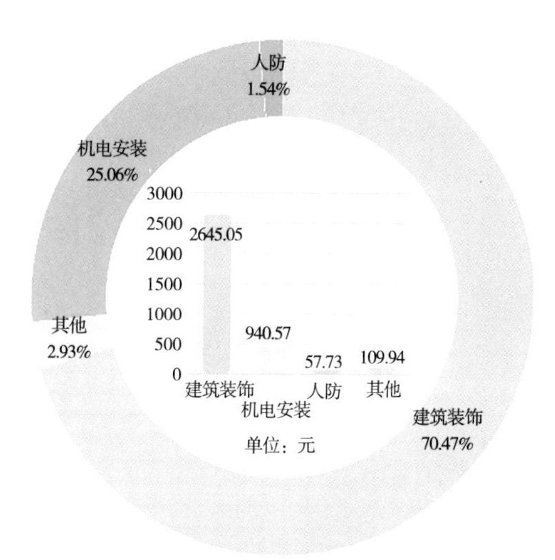

图 1-1-16　专业造价对比

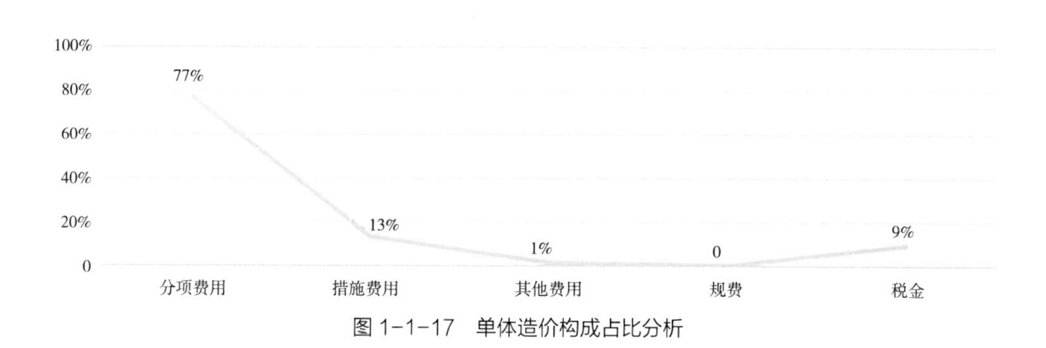

图 1-1-17　单体造价构成占比分析

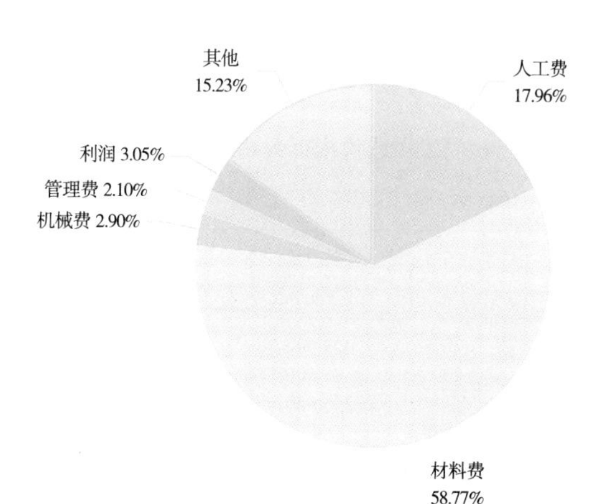

图 1-1-18　工程费用造价占比

第二节 办公建筑

某办公楼室内装修工程（4层）

工程概况表 表 1-2-1

<table>
<tr><td rowspan="2" colspan="2">计价时期</td><td>年份</td><td>2017</td><td rowspan="2">计价地区</td><td>省份</td><td>广东</td><td>建设类型</td><td colspan="2">改建、修复</td></tr>
<tr><td>月份</td><td>8</td><td>城市</td><td>广州</td><td>工程造价（万元）</td><td colspan="2">717.39</td></tr>
<tr><td colspan="2">专业类别</td><td colspan="2">房建工程</td><td>工程类别</td><td colspan="2">办公建筑</td><td rowspan="2">计价依据</td><td>清单</td><td>2013</td></tr>
<tr><td colspan="2">计税模式</td><td colspan="2">增值税</td><td>建筑物类型</td><td colspan="2">多层建筑</td><td>定额</td><td>2010</td></tr>
<tr><td rowspan="2" colspan="2">建筑面积（m^2）</td><td>±0.00 以下</td><td>0</td><td rowspan="2">高度（m）</td><td>±0.00 以下</td><td>0</td><td rowspan="2">层数</td><td>±0.00 以下</td><td>0</td></tr>
<tr><td>±0.00 以上</td><td>6620.28</td><td>±0.00 以上</td><td>16.00</td><td>±0.00 以上</td><td>4</td></tr>
<tr><td rowspan="5">建筑装饰工程</td><td>砌体 / 隔墙</td><td colspan="8">轻质空心砖、木隔断、玻璃隔断</td></tr>
<tr><td>楼地面</td><td colspan="8">600mm×600mm 耐磨砖、600mm×600mm 抛光砖、1000mm×1000mm 抛光砖、800mm×800mm 大理石、地毯、复合木地板、600mm×600mm 防静电地板</td></tr>
<tr><td>天棚</td><td colspan="8">乳胶漆、硅酸钙板吊顶、吸声石膏板吊顶</td></tr>
<tr><td>内墙面</td><td colspan="8">乳胶漆</td></tr>
<tr><td>门窗</td><td colspan="8">复合木板门、钢质防火门、铝合金窗</td></tr>
<tr><td rowspan="4">机电安装工程</td><td>电气</td><td colspan="8">配电箱 87 台</td></tr>
<tr><td>通风空调</td><td colspan="8">离心风机 4 台、新风处理机组 4 台、两管式风机盘管（四排管）166 台</td></tr>
<tr><td>智能化</td><td colspan="8">计算机应用系统、网络系统</td></tr>
<tr><td>消防</td><td colspan="8">喷淋系统、消防报警系统</td></tr>
</table>

工程造价指标分析表 表 1-2-2

建筑面积：6620.28m^2 经济指标：1083.63元/m^2

<table>
<tr><td colspan="3">专业</td><td>工程造价（万元）</td><td>造价比例</td><td>经济指标（元 /m^2）</td></tr>
<tr><td colspan="3">建筑装饰工程</td><td>425.94</td><td>59.37%</td><td>643.39</td></tr>
<tr><td colspan="3">机电安装工程</td><td>291.45</td><td>40.63%</td><td>440.24</td></tr>
<tr><td rowspan="2">其中</td><td>建筑装饰工程</td><td>装修</td><td>425.94</td><td>59.37%</td><td>643.39</td></tr>
<tr><td>机电安装工程</td><td>电气</td><td>72.11</td><td>10.05%</td><td>108.93</td></tr>
</table>

续表

专业			工程造价（万元）	造价比例	经济指标（元/m²）
其中	机电安装工程	通风空调	113.64	15.84%	171.66
		消防	48.63	6.78%	73.45
		智能化	54.38	7.58%	82.14
		其他	2.69	0.38%	4.06

机电造价含量表　　表 1-2-3

专业	部位	系统	单位	总工程量	总价（万元）	百方含量	单方造价（元）
消防	消防报警末端	温感、烟感	个	165.00	2.78	2.49	4.19
		小计	—	—	2.78	—	4.19
	消防水	喷头	个	667.00	5.19	10.08	7.84
		小计	—	—	5.19	—	7.84
电气	管线	电线管	m	9358.37	16.39	141.36	24.76
		电线	m	24568.87	9.63	371.12	14.54
		电缆	m	1683.27	5.23	25.43	7.90
		线槽、桥架	m	386.75	3.14	5.84	4.74
		小计	—	—	34.39	—	51.94
	终端	开关插座	个	857.00	2.83	12.95	4.27
		泛光照明灯具	套	2076.79	22.24	31.37	33.59
		小计	—	—	25.07	—	37.86
	设备	配电箱	台	87.00	10.04	1.31	15.17
		小计	—	—	10.04	—	15.17
通风空调	保温	风阀	个	144.00	2.24	2.18	3.38
		小计	—	—	2.24	—	3.38
	末端	风口	个	442.00	3.20	6.68	4.84
		风机盘管	台	166.00	30.27	2.51	45.72
		小计	—	—	33.47	—	50.56
	管线	风管	m²	1348.63	33.08	20.37	49.97
		小计	—	—	33.08	—	49.97
	设备	风机	台	10.00	9.85	0.15	14.88
		小计	—	—	9.85	—	14.88

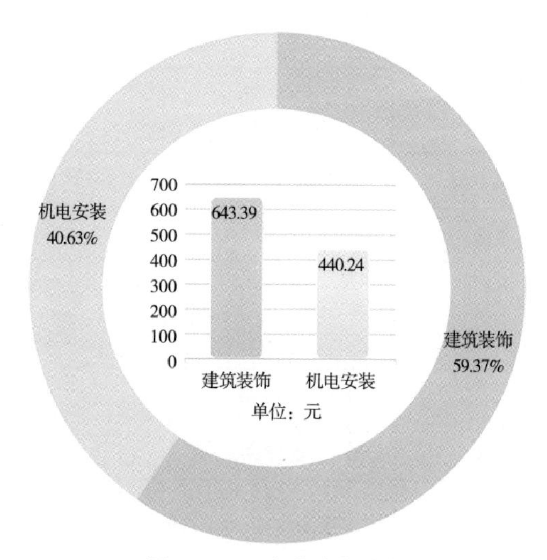

图 1-2-1　专业造价对比

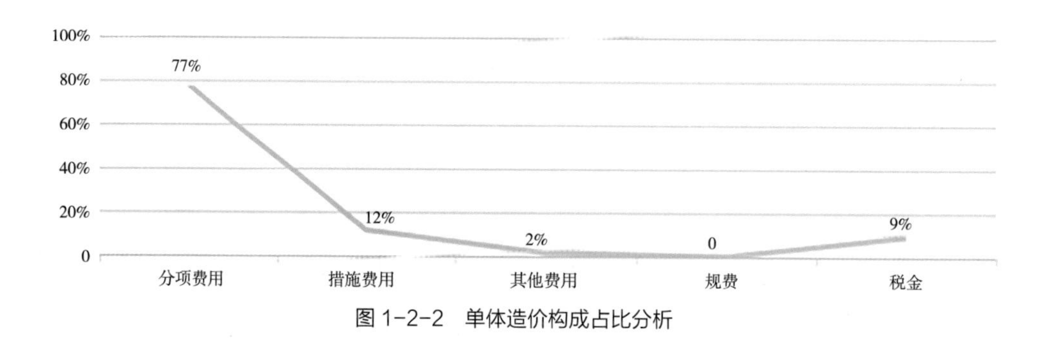

图 1-2-2　单体造价构成占比分析

图 1-2-3　工程费用造价占比

某综合服务楼工程（5层）

工程概况表　　　　表 1-2-4

计价时期	年份	2019	计价地区	省份	广东	建设类型	新建	
	月份	1		城市	广州	工程造价（万元）	5351.49	
专业类别	房建工程		工程类别	办公建筑		计价依据	清单	2013
计税模式	增值税		建筑物类型	综合楼			定额	2010
建筑面积（m^2）	±0.00 以下	0	高度（m）	±0.00 以下	0	层数	±0.00 以下	0
	±0.00 以上	8098.10		±0.00 以上	23.90		±0.00 以上	5
建筑装饰工程	基础	旋挖灌注桩						
	结构形式	现浇钢筋混凝土结构、局部钢梁（包混凝土）						
	砌体 / 隔墙	蒸压加气混凝土砌块、成品防火玻璃隔断、灰砂砖						
	屋面工程	聚合物水泥防水涂料、憎水性水泥膨胀珍珠岩、300mm×300mm 耐磨砖、高聚物改性沥青防水卷材、聚苯乙烯泡沫保温板						
	楼地面	硬木地板楼地面、地毯楼地面、金刚砂楼地面、600mm×600mm 防滑砖、800mm×800mm 抛釉砖、花岗石楼地面、复合地板胶楼地面						
	天棚	无机涂料、柚木饰面板吊顶、石膏板吊顶、木纹铝格栅吊顶						
	内墙面	玻纤吸声板、800mm×800mm 抛釉砖、400mm×800mm 抛釉砖、400mm×800mm 抛光砖、内墙涂料						
	外墙面	氟碳涂料、外墙涂料、石材幕墙（花岗石）、3mm 铝单板幕墙、玻璃幕墙（TP6Low-E+12A+TP6mm 中空钢化玻璃）						
	门窗	实木门、钢质防火门、拉丝不锈钢门、铝合金窗（中空玻璃、钢化玻璃）、玻璃地弹门（6Low-E+12A+6mm 中空钢化玻璃）						
机电安装工程	电气	配电箱 107 台						
	给排水	冷热水系统：衬塑复合钢管、PPR 管；排水系统：U-PVC 管、涂塑钢管						
	通风空调	通风机 4 台、风柜 13 台、排风机 12 台						
	智能化	综合布线系统、计算机网络系统（内网、外网、智能网）、多媒体会议系统（含舞台幕布系统）、出入口控制（一卡通）系统、入侵报警及紧急求助系统、视频监控系统、无线对讲系统、电梯五方对讲系统						
	消防	消火栓系统、喷淋系统、气体灭火系统、火灾自动报警系统、防火门监控系统、电气火灾监控系统、消防电源监控系统						

工程造价指标分析表　　　　表 1-2-5

建筑面积：8098.10m^2　　　　经济指标：6608.34元/m^2

专业			工程造价（万元）	造价比例	经济指标（元/m^2）
建筑装饰工程			3957.06	73.94%	4886.41
机电安装工程			1394.43	26.06%	1721.93
其中	建筑装饰工程	建筑	3077.14	57.50%	3799.83
		装修	879.92	16.44%	1086.58
	机电安装工程	电气	244.23	4.56%	301.59

续表

<table>
<tr><th colspan="3">专业</th><th>工程造价（万元）</th><th>造价比例</th><th>经济指标（元/m²）</th></tr>
<tr><td rowspan="4">其中</td><td rowspan="4">机电安装工程</td><td>通风空调</td><td>388.81</td><td>7.27%</td><td>480.13</td></tr>
<tr><td>给排水</td><td>75.14</td><td>1.40%</td><td>92.79</td></tr>
<tr><td>消防</td><td>191.34</td><td>3.58%</td><td>236.28</td></tr>
<tr><td>智能化</td><td>494.91</td><td>9.25%</td><td>611.14</td></tr>
</table>

土建造价含量表 表 1-2-6

<table>
<tr><th colspan="4">指标类型</th><th>造价含量</th></tr>
<tr><td rowspan="17">混凝土</td><td rowspan="7">主体</td><td rowspan="2">柱</td><td>含量（m³/m²）</td><td>0.08</td></tr>
<tr><td>价格（元/m³）</td><td>756.31</td></tr>
<tr><td rowspan="2">梁、板</td><td>含量（m³/m²）</td><td>0.35</td></tr>
<tr><td>价格（元/m³）</td><td>693.03</td></tr>
<tr><td rowspan="2">墙</td><td>含量（m³/m²）</td><td>0.01</td></tr>
<tr><td>价格（元/m³）</td><td>755.89</td></tr>
<tr><td colspan="2">含量小计</td><td>0.44</td></tr>
<tr><td rowspan="5">基础</td><td rowspan="2">承台</td><td>含量（m³/m²）</td><td>0.03</td></tr>
<tr><td>价格（元/m³）</td><td>734.47</td></tr>
<tr><td rowspan="2">独立基础</td><td>含量（m³/m²）</td><td>0.00</td></tr>
<tr><td>价格（元/m³）</td><td>764.40</td></tr>
<tr><td colspan="2">含量小计</td><td>0.03</td></tr>
<tr><td rowspan="3">其他</td><td rowspan="2">其他混凝土</td><td>含量（m³/m²）</td><td>0.02</td></tr>
<tr><td>价格（元/m³）</td><td>769.23</td></tr>
<tr><td colspan="2">含量小计</td><td>0.02</td></tr>
<tr><td colspan="3">含量合计</td><td>0.49</td></tr>
<tr><td rowspan="4">钢筋</td><td rowspan="3">钢筋</td><td rowspan="2">钢筋</td><td>含量（kg/m²）</td><td>107.09</td></tr>
<tr><td>价格（元/t）</td><td>5193.04</td></tr>
<tr><td colspan="2">含量小计</td><td>107.09</td></tr>
<tr><td colspan="3">含量合计</td><td>107.09</td></tr>
<tr><td rowspan="14">模板</td><td rowspan="7">主体</td><td rowspan="2">柱</td><td>含量（m²/m²）</td><td>0.40</td></tr>
<tr><td>价格（元/m²）</td><td>68.01</td></tr>
<tr><td rowspan="2">梁、板</td><td>含量（m²/m²）</td><td>2.30</td></tr>
<tr><td>价格（元/m²）</td><td>80.51</td></tr>
<tr><td rowspan="2">墙</td><td>含量（m²/m²）</td><td>0.05</td></tr>
<tr><td>价格（元/m²）</td><td>37.04</td></tr>
<tr><td colspan="2">含量小计</td><td>2.75</td></tr>
<tr><td rowspan="3">基础</td><td rowspan="2">其他基础</td><td>含量（m²/m²）</td><td>0.03</td></tr>
<tr><td>价格（元/m²）</td><td>29.70</td></tr>
<tr><td colspan="2">含量小计</td><td>0.03</td></tr>
<tr><td rowspan="3">其他</td><td rowspan="2">其他模板</td><td>含量（m²/m²）</td><td>0.52</td></tr>
<tr><td>价格（元/m²）</td><td>84.18</td></tr>
<tr><td colspan="2">含量小计</td><td>0.52</td></tr>
<tr><td colspan="3">含量合计</td><td>3.30</td></tr>
</table>

机电造价含量表　　表 1-2-7

专业	部位	系统	单位	总工程量	总价（万元）	百方含量	单方造价（元）
消防	消防报警末端	广播	个	117.00	1.48	1.44	1.82
		模块	个	82.00	2.75	1.01	3.39
		温感、烟感	个	289.00	6.96	3.57	8.60
		小计	—	—	11.19	—	13.81
	消防水	喷头	个	1769.00	11.85	21.84	14.64
		消火栓箱	套	54.00	13.39	0.67	16.53
		小计	—	—	25.24	—	31.17
电气	管线	电线管	m	28720.50	49.20	354.66	60.76
		电线	m	91664.96	41.35	1131.93	51.06
		电缆	m	1607.96	26.77	19.86	33.06
		线槽、桥架	m	872.14	7.45	10.77	9.20
		小计	—	—	124.77	—	154.08
	终端	开关插座	个	1167.00	6.78	14.41	8.38
		泛光照明灯具	套	4393.76	48.89	54.26	60.37
		小计	—	—	55.67	—	68.75
	设备	配电箱	台	107.00	39.12	1.32	48.30
		小计	—	—	39.12	—	48.30
给排水	末端	洁具、地漏	组	313.00	31.81	3.87	39.29
		小计	—	—	31.81	—	39.29
	管线	水管	m	2532.94	21.89	31.28	27.04
		阀门	个	102.00	10.73	1.26	13.25
		小计	—	—	32.62	—	40.29
通风空调	保温	风阀	个	147.00	10.69	1.82	13.20
		小计	—	—	10.69	—	13.20
	末端	风口	个	661.00	56.88	8.16	70.23
		风机盘管	台	136.00	21.44	1.68	26.47
		小计	—	—	78.32	—	96.70
	管线	风管	m^2	4670.35	82.13	57.67	101.42
		小计	—	—	82.13	—	101.42
	设备	空调器	台	14.00	32.29	0.17	39.87
		风机	台	16.00	8.41	0.20	10.39
		小计	—	—	40.70	—	50.26

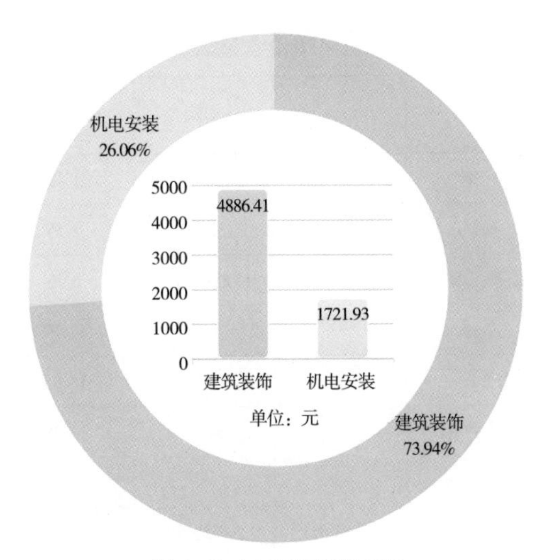

图 1-2-4　专业造价对比

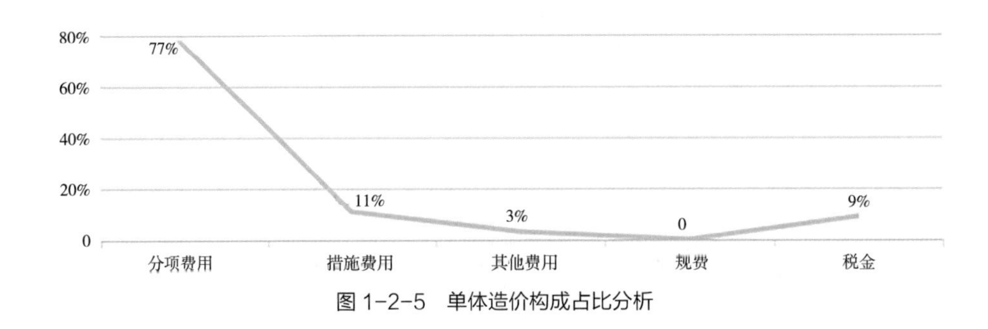

图 1-2-5　单体造价构成占比分析

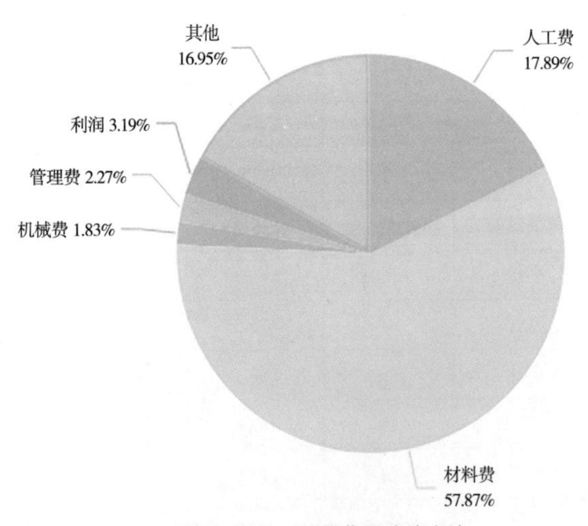

图 1-2-6　工程费用造价占比

某学生服务中心工程（5层）

工程概况表 表 1-2-8

<table>
<tr><td rowspan="2">计价时期</td><td>年份</td><td>2019</td><td rowspan="2">计价地区</td><td>省份</td><td>广东</td><td>建设类型</td><td colspan="2">新建</td></tr>
<tr><td>月份</td><td>9</td><td>城市</td><td>广州</td><td>工程造价（万元）</td><td colspan="2">4477.58</td></tr>
<tr><td>专业类别</td><td colspan="2">房建工程</td><td>工程类别</td><td colspan="2">办公建筑</td><td rowspan="2">计价依据</td><td>清单</td><td>2013</td></tr>
<tr><td>计税模式</td><td colspan="2">增值税</td><td>建筑物类型</td><td colspan="2">多层建筑</td><td>定额</td><td>2018</td></tr>
<tr><td rowspan="2">建筑面积（m^2）</td><td>±0.00 以下</td><td>0</td><td rowspan="2">高度（m）</td><td>±0.00 以下</td><td>0</td><td rowspan="2">层数</td><td>±0.00 以下</td><td>0</td></tr>
<tr><td>±0.00 以上</td><td>10607.50</td><td>±0.00 以上</td><td>21.75</td><td>±0.00 以上</td><td>5</td></tr>
<tr><td rowspan="9">建筑装饰工程</td><td>基础</td><td colspan="7">φ1000mm 泥浆护壁成孔灌注桩、φ1200mm 泥浆护壁成孔灌注桩、φ1400mm 泥浆护壁成孔灌注桩</td></tr>
<tr><td>结构形式</td><td colspan="7">现浇钢筋混凝土结构</td></tr>
<tr><td>砌体 / 隔墙</td><td colspan="7">蒸压加气混凝土砌块、灰砂砖</td></tr>
<tr><td>屋面工程</td><td colspan="7">聚合物水泥防水涂料、高聚物改性沥青防水涂料、高分子防水卷材、聚苯乙烯泡沫保温板</td></tr>
<tr><td>楼地面</td><td colspan="7">防滑耐磨砖、600mm × 600mm 抛光砖、PVC 复合卷材地板、300mm × 900mm 花岗石板</td></tr>
<tr><td>天棚</td><td colspan="7">石膏板吊顶、1.2mm 铝扣板吊顶、无机涂料、硅酸钙板吊顶、铝合金格栅吊顶</td></tr>
<tr><td>内墙面</td><td colspan="7">300mm × 600mm 抛光砖、无机涂料、陶金 MLS 声学扩散体装饰板、A 级陶金声学反射板</td></tr>
<tr><td>外墙面</td><td colspan="7">240mm × 60mm 劈开砖、玻璃幕墙（6Low-E+12A+6mm 双钢化中空玻璃）</td></tr>
<tr><td>门窗</td><td colspan="7">钢质防火门、实木门、铝合金窗（高透光热反射玻璃）</td></tr>
<tr><td rowspan="6">机电安装工程</td><td>电气</td><td colspan="7">配电箱 105 台</td></tr>
<tr><td>给排水</td><td colspan="7">冷水系统：衬塑钢管、PPR 管；排水系统：U-PVC 管</td></tr>
<tr><td>通风空调</td><td colspan="7">直流变频多联空调室内机 179 台、直流变频多联空调室外机 22 台、低噪声轴流式排风机 14 台</td></tr>
<tr><td>智能化</td><td colspan="7">安防系统、无线 AP 系统、有线电视系统、综合布线门禁系统、背景音乐系统</td></tr>
<tr><td>消防</td><td colspan="7">喷淋系统、大空间智能喷水系统、消火栓系统、火灾自动报警系统</td></tr>
<tr><td>抗震支架</td><td colspan="7">抗震支吊架</td></tr>
</table>

工程造价指标分析表 表 1-2-9

建筑面积：10607.50m^2 经济指标：4221.14元/m^2

<table>
<tr><td colspan="3">专业</td><td>工程造价（万元）</td><td>造价比例</td><td>经济指标（元 /m^2）</td></tr>
<tr><td colspan="3">建筑装饰工程</td><td>3355.84</td><td>74.95%</td><td>3163.65</td></tr>
<tr><td colspan="3">机电安装工程</td><td>1121.74</td><td>25.05%</td><td>1057.49</td></tr>
<tr><td rowspan="4">其中</td><td rowspan="2">建筑装饰工程</td><td>建筑</td><td>2598.21</td><td>58.03%</td><td>2449.41</td></tr>
<tr><td>装修</td><td>757.63</td><td>16.92%</td><td>714.24</td></tr>
<tr><td rowspan="2">机电安装工程</td><td>电气</td><td>288.79</td><td>6.45%</td><td>272.25</td></tr>
<tr><td>通风空调</td><td>386.22</td><td>8.63%</td><td>364.10</td></tr>
</table>

续表

专业			工程造价（万元）	造价比例	经济指标（元/m²）
其中	机电安装工程	给排水	32.45	0.72%	30.59
		消防	241.22	5.39%	227.40
		智能化	115.91	2.59%	109.27
		抗震支架	46.25	1.03%	43.60
		其他	10.90	0.24%	10.28

土建造价含量表 表 1-2-10

指标类型				造价含量
混凝土	主体	柱	含量（m³/m²）	0.07
			价格（元/m³）	805.68
		梁、板	含量（m³/m²）	0.25
			价格（元/m³）	701.87
		含量小计		0.32
	基础	承台	含量（m³/m²）	0.06
			价格（元/m³）	709.87
		其他基础	含量（m³/m²）	0.00
			价格（元/m³）	742.09
		含量小计		0.06
	其他	其他混凝土	含量（m³/m²）	0.03
			价格（元/m³）	718.01
		含量小计		0.03
	含量合计			0.41
钢筋	钢筋	钢筋	含量（kg/m²）	68.83
			价格（元/t）	5179.65
		含量小计		68.83
	含量合计			68.83
模板	主体	柱	含量（m²/m²）	0.43
			价格（元/m²）	68.46
		梁、板	含量（m²/m²）	1.66
			价格（元/m²）	77.93
		含量小计		2.09
	基础	其他基础	含量（m²/m²）	0.03
			价格（元/m²）	32.23
		含量小计		0.03
	其他	其他模板	含量（m²/m²）	0.60
			价格（元/m²）	63.39
		含量小计		0.60
	含量合计			2.72

机电造价含量表 表 1-2-11

专业	部位	系统	单位	总工程量	总价（万元）	百方含量	单方造价（元）
消防	消防报警末端	广播	个	90.00	1.14	0.85	1.07
		模块	个	85.00	5.27	0.80	4.97
		温感、烟感	个	343.00	8.33	3.23	7.85
		小计	—	—	14.74	—	13.89
	消防水	喷头	个	1436.00	25.12	13.54	23.68
		泵	套	4.00	4.35	0.04	4.10
		消火栓箱	套	73.00	15.07	0.69	14.21
		小计	—	—	44.54	—	41.99
	消防电设备	广播主机	台	1.00	0.43	0.01	0.40
		报警主机	台	6.00	9.37	0.06	8.83
		电源	套	1.00	0.23	0.01	0.22
		电话主机	台	1.00	0.54	0.01	0.51
		小计	—	—	10.57	—	9.96
电气	管线	电线管	m	22296.33	58.20	210.19	54.86
		电线	m	48806.56	17.56	460.11	16.55
		电缆	m	6732.80	116.90	63.47	110.21
		线槽、桥架	m	991.13	11.24	9.34	10.59
		小计	—	—	203.90	—	192.21
	终端	开关插座	个	1406.00	7.11	13.25	6.70
		泛光照明灯具	套	3684.56	42.46	34.74	40.03
		小计	—	—	49.57	—	46.73
	设备	配电箱	台	105.00	14.28	0.99	13.46
		小计	—	—	14.28	—	13.46
给排水	末端	洁具、地漏	组	208.00	14.20	1.96	13.38
		小计	—	—	14.20	—	13.38
	管线	水管	m	1176.47	7.71	11.09	7.27
		阀门	个	41.00	7.15	0.39	6.74
		小计	—	—	14.86	—	14.01
通风空调	保温	风阀	个	66.00	4.29	0.62	4.04
		小计	—	—	4.29	—	4.04
	末端	风口	个	485.00	13.76	4.57	12.97
		小计	—	—	13.76	—	12.97
	管线	风管	m^2	2542.00	47.97	23.96	45.22
		小计	—	—	47.97	—	45.22
	设备	空调器	台	271.00	177.01	2.55	166.88
		风机	台	18.00	11.36	0.17	10.71
		小计	—	—	188.37	—	177.59

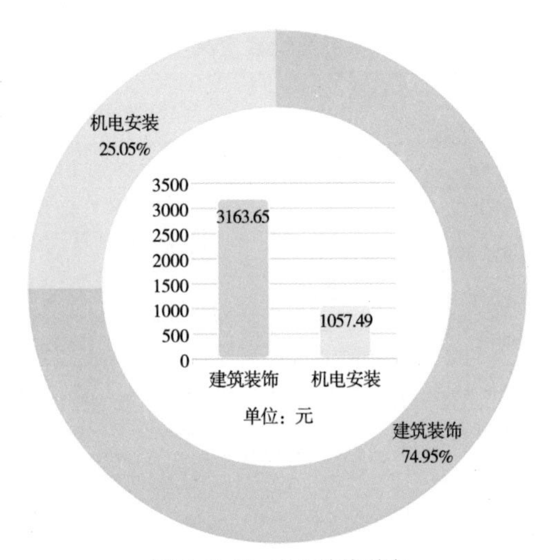

图 1-2-7　专业造价对比

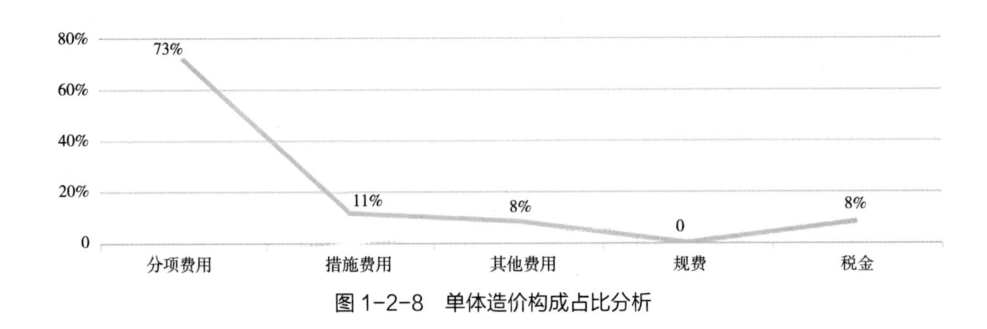

图 1-2-8　单体造价构成占比分析

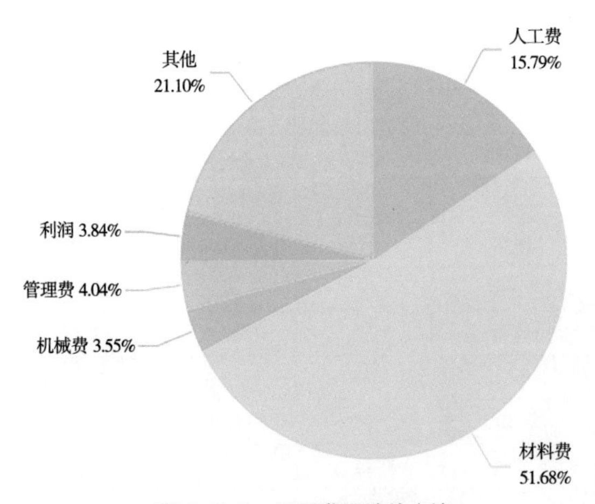

图 1-2-9　工程费用造价占比

某科研综合办公楼工程（10层）

工程概况表　　　　表 1-2-12

<table>
<tr><td colspan="2" rowspan="2">计价时期</td><td>年份</td><td>2019</td><td rowspan="2">计价地区</td><td>省份</td><td>广东</td><td>建设类型</td><td colspan="2">新建</td></tr>
<tr><td>月份</td><td>2</td><td>城市</td><td>广州</td><td>工程造价（万元）</td><td colspan="2">10312.96</td></tr>
<tr><td colspan="2">专业类别</td><td colspan="2">房建工程</td><td>工程类别</td><td colspan="2">办公建筑</td><td rowspan="2">计价依据</td><td>清单</td><td>2013</td></tr>
<tr><td colspan="2">计税模式</td><td colspan="2">增值税</td><td>建筑物类型</td><td colspan="2">高层建筑</td><td>定额</td><td>2018</td></tr>
<tr><td colspan="2" rowspan="2">建筑面积（m²）</td><td>±0.00 以下</td><td>5874.90</td><td rowspan="2">高度（m）</td><td>±0.00 以下</td><td>5.00</td><td rowspan="2">层数</td><td>±0.00 以下</td><td>1</td></tr>
<tr><td>±0.00 以上</td><td>25154.10</td><td>±0.00 以上</td><td>41.40</td><td>±0.00 以上</td><td>10</td></tr>
<tr><td rowspan="9">建筑装饰工程</td><td>基础</td><td colspan="8">φ500mm 预应力高强混凝土管桩、筏形基础</td></tr>
<tr><td>结构形式</td><td colspan="8">现浇钢筋混凝土结构</td></tr>
<tr><td>砌体 / 隔墙</td><td colspan="8">蒸压加气混凝土砌块</td></tr>
<tr><td>屋面工程</td><td colspan="8">高聚物改性沥青防水涂料、聚苯乙烯泡沫保温板、高聚物改性沥青防水卷材</td></tr>
<tr><td>楼地面</td><td colspan="8">1~3 层：300mm × 300mm 防滑地砖</td></tr>
<tr><td>天棚</td><td colspan="8">1~3 层：非石棉纤维增强硅酸钙穿孔板吊顶、乳胶漆</td></tr>
<tr><td>内墙面</td><td colspan="8">1~3 层：乳胶漆、非石棉纤维增强硅酸钙穿孔板、300mm × 300mm 陶瓷砖</td></tr>
<tr><td>外墙面</td><td colspan="8">铝合金玻璃幕墙（6Low-E+12A+6mm 双钢化中空玻璃）、铝板幕墙</td></tr>
<tr><td>门窗</td><td colspan="8">钢质防火门、塑钢门、铝合金百叶窗</td></tr>
<tr><td rowspan="7">机电安装工程</td><td>电气</td><td colspan="8">配电箱 312 台、高低压配电柜 34 台、干式变压器</td></tr>
<tr><td>给排水</td><td colspan="8">冷水系统：PPR 管、内衬塑钢管；排水系统：U-PVC 管</td></tr>
<tr><td>通风空调</td><td colspan="8">多联机室外机 42 台、低噪声柜式离心风机 12 台、多联新风处理机 15 台、风管式室内机 119 台</td></tr>
<tr><td>智能化</td><td colspan="8">智能专用综合布线系统、智能专用信息网络系统、视频安防监控与电子巡查系统、停车场管理系统、公共网综合布线系统、办公网综合布线系统、办公室信息网络系统、公共网信息系网络系统、有线电视系统</td></tr>
<tr><td>消防</td><td colspan="8">喷淋系统、火灾自动报警系统、防火门监控系统、电气火灾监控系统、消防设备电源监控系统、气体灭火系统、消火栓系统</td></tr>
<tr><td>抗震支架</td><td colspan="8">抗震支吊架</td></tr>
<tr><td colspan="2">人防工程</td><td colspan="8">防护密闭门、密闭门、悬板式防爆波活门、给排水系统、电气系统、通风空调系统</td></tr>
</table>

工程造价指标分析表　　　　表 1-2-13

建筑面积：31029.00m²　　　经济指标：3323.65元/m²

专业	工程造价（万元）	造价比例	经济指标（元/m²）
建筑装饰工程	6544.78	63.46%	2109.24

续表

专业			工程造价（万元）	造价比例	经济指标（元/m²）
机电安装工程			3657.02	35.46%	1178.58
人防工程			111.16	1.08%	35.83
其中	建筑装饰工程	建筑	5480.50	53.14%	1766.25
		装修	1064.28	10.32%	342.99
	机电安装工程	电气	1208.45	11.72%	389.45
		通风空调	1113.69	10.80%	358.92
		给排水	133.97	1.30%	43.18
		消防	449.25	4.36%	144.78
		智能化	598.51	5.80%	192.89
		抗震支架	153.15	1.48%	49.36
	人防工程	电气	44.49	0.43%	14.34
		给排水	37.73	0.37%	12.16
		暖通	28.94	0.28%	9.33

土建造价含量表 **表 1-2-14**

指标类型				造价含量
混凝土	主体	柱	含量（m^3/m^2）	0.05
			价格（元/m^3）	853.99
		梁、板	含量（m^3/m^2）	0.25
			价格（元/m^3）	744.29
		墙	含量（m^3/m^2）	0.06
			价格（元/m^3）	779.46
		含量小计		0.36
	基础	承台	含量（m^3/m^2）	0.02
			价格（元/m^3）	722.00
		其他基础	含量（m^3/m^2）	0.07
			价格（元/m^3）	751.87
		含量小计		0.09
	其他	其他混凝土	含量（m^3/m^2）	0.01
			价格（元/m^3）	779.44
		含量小计		0.01
	含量合计			0.46
钢筋	钢筋	钢筋	含量（kg/m^2）	58.37
			价格（元/t）	4895.68
		含量小计		58.37

续表

指标类型				造价含量
钢筋	含量合计			58.37
模板	主体	柱	含量（m^2/m^2）	0.20
			价格（元/m^2）	61.32
		梁、板	含量（m^2/m^2）	1.53
			价格（元/m^2）	66.03
		墙	含量（m^2/m^2）	0.45
			价格（元/m^2）	48.99
		含量小计		2.18
	基础	其他基础	含量（m^2/m^2）	0.01
			价格（元/m^2）	31.62
		含量小计		0.01
	其他	其他模板	含量（m^2/m^2）	0.35
			价格（元/m^2）	67.84
		含量小计		0.35
	含量合计			2.54

机电造价含量表　　表 1-2-15

专业	部位	系统	单位	总工程量	总价（万元）	百方含量	单方造价（元）
消防	消防报警末端	广播	个	102.00	1.65	0.33	0.53
		模块	个	281.00	8.92	0.91	2.87
		温感、烟感	个	951.00	11.49	3.06	3.70
		小计	—	—	22.06	—	7.10
	消防水	喷头	个	4302.00	26.22	13.86	8.45
		泵	套	4.00	1.50	0.01	0.48
		消火栓箱	套	146.00	20.22	0.47	6.52
		小计	—	—	47.94	—	15.45
	消防电设备	广播主机	台	1.00	0.75	0.00	0.24
		报警主机	台	35.00	12.21	0.11	3.93
		电源	套	1.00	0.31	0.00	0.10
		电话主机	台	1.00	0.26	0.00	0.08
		小计	—	—	13.53	—	4.35

续表

专业	部位	系统	单位	总工程量	总价（万元）	百方含量	单方造价（元）
电气	管线	母线	m	898.02	158.71	2.89	51.15
		电线管	m	17505.52	34.58	56.42	11.14
		电线	m	36092.76	14.37	116.32	4.63
		电缆	m	31281.52	408.27	100.81	131.58
		线槽、桥架	m	530.91	12.88	1.71	4.15
		小计	—	—	628.81	—	202.65
	终端	开关插座	个	900.00	4.23	2.90	1.36
		泛光照明灯具	套	2140.00	43.02	6.90	13.86
		小计	—	—	47.25	—	15.22
	设备	发电机	台	1.00	51.57	0.00	16.62
		配电箱	台	312.00	127.38	1.01	41.05
		高低压配电柜	台	34.00	295.01	0.11	95.08
		小计	—	—	473.96	—	152.75
给排水	末端	洁具、地漏	组	508.00	27.07	1.64	8.72
		小计	—	—	27.07	—	8.72
	管线	水管	m	5809.08	49.78	18.72	16.04
		阀门	个	188.00	6.20	0.61	2.00
		小计	—	—	55.98	—	18.04
	设备	水箱	台	2.00	10.27	0.01	3.31
		泵	套	34.00	28.99	0.11	9.34
		小计	—	—	39.26	—	12.65
通风空调	保温	风阀	个	159.00	22.64	0.51	7.30
		小计	—	—	22.64	—	7.30
	末端	风口	个	670.00	17.48	2.16	5.63
		风机盘管	台	119.00	80.49	0.38	25.94
		小计	—	—	97.97	—	31.57
	管线	风管	m^2	9330.96	280.75	30.07	90.48
		小计	—	—	280.75	—	90.48
	设备	空调器	台	291.00	575.06	0.94	185.33
		风机	台	51.00	30.49	0.16	9.83
		小计	—	—	605.55	—	195.16

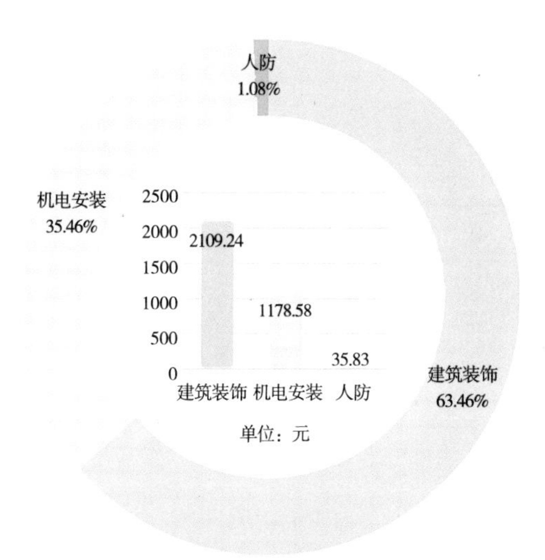

图 1-2-10　专业造价对比

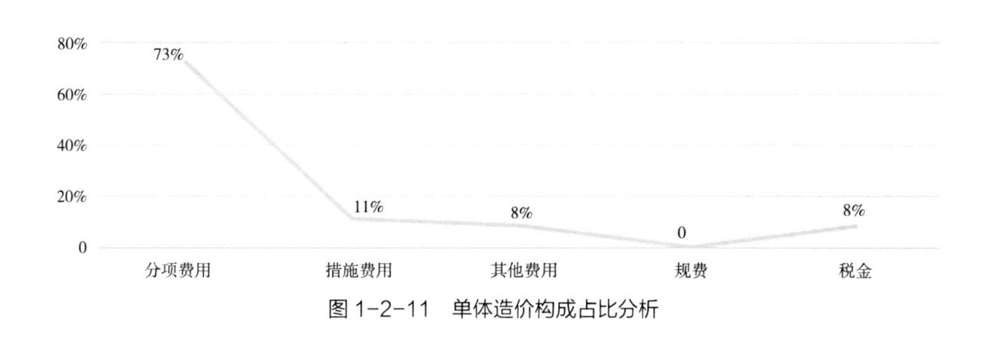

图 1-2-11　单体造价构成占比分析

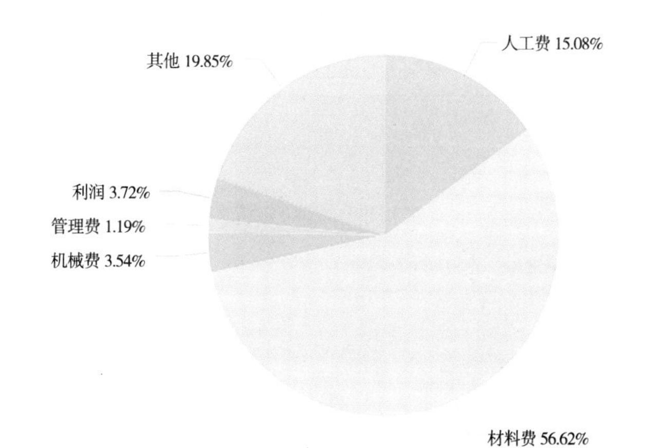

图1-2-12　工程费用造价占比

某医院办公楼工程（11 层）

工程概况表　　表 1-2-16

<table>
<tr><td rowspan="2">计价时期</td><td>年份</td><td>2018</td><td rowspan="2">计价地区</td><td>省份</td><td>广东</td><td>建设类型</td><td colspan="2">新建</td></tr>
<tr><td>月份</td><td>2</td><td>城市</td><td>广州</td><td>工程造价（万元）</td><td colspan="2">4471.83</td></tr>
<tr><td>专业类别</td><td colspan="2">房建工程</td><td>工程类别</td><td colspan="2">医院建筑</td><td rowspan="2">计价依据</td><td>清单</td><td>2013</td></tr>
<tr><td>计税模式</td><td colspan="2">增值税</td><td>建筑物类型</td><td colspan="2">行政楼</td><td>定额</td><td>2010</td></tr>
<tr><td rowspan="2">建筑面积（m²）</td><td>±0.00 以下</td><td>0</td><td rowspan="2">高度（m）</td><td>±0.00 以下</td><td>0</td><td rowspan="2">层数</td><td>±0.00 以下</td><td>0</td></tr>
<tr><td>±0.00 以上</td><td>11319.00</td><td>±0.00 以上</td><td>47.40</td><td>±0.00 以上</td><td>11</td></tr>
<tr><td rowspan="8">建筑装饰工程</td><td>结构形式</td><td colspan="7">现浇钢筋混凝土结构</td></tr>
<tr><td>砌体 / 隔墙</td><td colspan="7">蒸压加气混凝土砌块</td></tr>
<tr><td>屋面工程</td><td colspan="7">600mm×600mm 耐磨砖、聚合物水泥基防水涂料、热塑性聚烯烃防水卷材</td></tr>
<tr><td>楼地面</td><td colspan="7">800mm×800mm 玻化砖、600mm×300mm 防滑砖、800mm×800mm 抛光砖、防静电地板</td></tr>
<tr><td>天棚</td><td colspan="7">铝扣板吊顶、硅酸钙板吊顶、铝合金格栅吊顶、防霉防潮无机涂料、无机涂料</td></tr>
<tr><td>内墙面</td><td colspan="7">防霉涂料、不燃洁菌板（酚醛树脂板）、600mm×300mm 陶瓷砖、无机涂料</td></tr>
<tr><td>外墙面</td><td colspan="7">3mm 铝板幕墙、45mm×45mm 陶瓷砖</td></tr>
<tr><td>门窗</td><td colspan="7">钢质防火门、铝合金门窗（6Low-E+12A+6mm 双钢化中空玻璃、钢化镀膜玻璃、普通透明玻璃）、塑钢门</td></tr>
<tr><td rowspan="6">机电安装工程</td><td>电气</td><td colspan="7">配电箱 74 台</td></tr>
<tr><td>给排水</td><td colspan="7">冷水系统：不锈钢管；排水系统：增强 HTPP 螺旋静音管、承压增强聚丙烯（FRPP）静音管</td></tr>
<tr><td>通风空调</td><td colspan="7">箱式离心风机 15 台、风冷型恒温恒湿精密空调机组 8 台</td></tr>
<tr><td>智能化</td><td colspan="7">综合布线系统</td></tr>
<tr><td>电梯</td><td colspan="7">乘客电梯（无障碍电梯）3 部、污物梯、消防梯 1 部</td></tr>
<tr><td>消防</td><td colspan="7">喷淋系统、消火栓系统、气体灭火系统、火灾自动报警系统</td></tr>
</table>

工程造价指标分析表　　表 1-2-17

建筑面积：11319.00m²　　经济指标：3950.73元/m²

专业	工程造价（万元）	造价比例	经济指标（元 /m²）
建筑装饰工程	3332.77	74.53%	2944.40
机电安装工程	1139.06	25.47%	1006.33

续表

专业			工程造价（万元）	造价比例	经济指标（元/m^2）
其中	建筑装饰工程	建筑	2703.30	60.45%	2388.28
		装修	629.47	14.08%	556.12
	机电安装工程	电气	179.18	4.01%	158.30
		通风空调	530.08	11.85%	468.31
		给排水	80.53	1.80%	71.15
		消防	173.14	3.87%	152.96
		电梯	176.13	3.94%	155.61

土建造价含量表　　表 1-2-18

指标类型				造价含量
混凝土	主体	柱	含量（m^3/m^2）	0.07
			价格（元/m^3）	837.50
		梁、板	含量（m^3/m^2）	0.22
			价格（元/m^3）	757.90
		墙	含量（m^3/m^2）	0.00
			价格（元/m^3）	783.52
		含量小计		0.29
	其他	其他混凝土	含量（m^3/m^2）	0.01
			价格（元/m^3）	812.98
		含量小计		0.01
	含量合计			0.30
钢筋	钢筋	钢筋	含量（kg/m^2）	48.07
			价格（元/t）	5163.52
		含量小计		48.07
	含量合计			48.07
模板	主体	柱	含量（m^2/m^2）	0.31
			价格（元/m^2）	65.50
		梁、板	含量（m^2/m^2）	1.44
			价格（元/m^2）	74.26
		墙	含量（m^2/m^2）	0.07
			价格（元/m^2）	41.32
		含量小计		1.82
	其他	其他模板	含量（m^2/m^2）	0.61
			价格（元/m^2）	73.15
		含量小计		0.61
	含量合计			2.43

机电造价含量表 表 1-2-19

专业	部位	系统	单位	总工程量	总价（万元）	百方含量	单方造价（元）
消防	消防报警末端	广播	个	72.00	0.89	0.64	0.79
		模块	个	219.00	9.16	1.93	8.09
		温感、烟感	个	258.00	7.76	2.28	6.85
		小计	—	—	17.81	—	15.73
	消防水	喷头	个	1349.00	8.05	11.92	7.11
		消火栓箱	套	61.00	13.25	0.54	11.71
		小计	—	—	21.30	—	18.82
电气	管线	电线管	m	8797.56	15.49	77.72	13.68
		电线	m	36027.58	16.62	318.29	14.69
		电缆	m	2213.79	18.08	19.56	15.97
		线槽、桥架	m	1234.90	15.75	10.91	13.91
		小计	—	—	65.94	—	58.25
	终端	开关插座	个	880.00	2.96	7.77	2.62
		泛光照明灯具	套	1350.00	30.43	11.93	26.89
		小计	—	—	33.39	—	29.51
	设备	配电箱	台	74.00	69.72	0.65	61.59
		小计	—	—	69.72	—	61.59
给排水	末端	洁具、地漏	组	308.00	36.25	2.72	32.02
		小计	—	—	36.25	—	32.02
	管线	水管	m	1677.67	14.16	14.82	12.51
		阀门	个	70.00	3.45	0.62	3.04
		小计	—	—	17.61	—	15.55
通风空调	保温	风阀	个	383.00	17.35	3.38	15.33
		小计	—	—	17.35	—	15.33
	末端	风口	个	734.00	19.31	6.48	17.06
		风机盘管	台	199.00	50.66	1.76	44.75
		小计	—	—	69.97	—	61.81
	管线	风管	m^2	5616.01	106.40	49.62	94.00
		小计	—	—	106.40	—	94.00
	设备	空调器	台	9.00	94.85	0.08	83.79
		风机	台	15.00	17.47	0.13	15.44
		小计	—	—	112.32	—	99.23

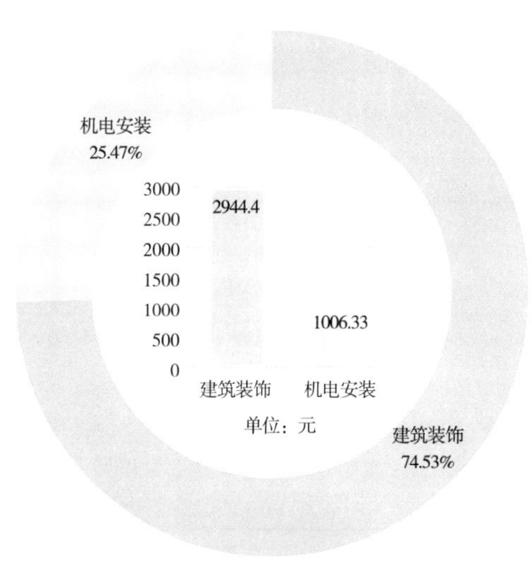

图 1-2-13 专业造价对比

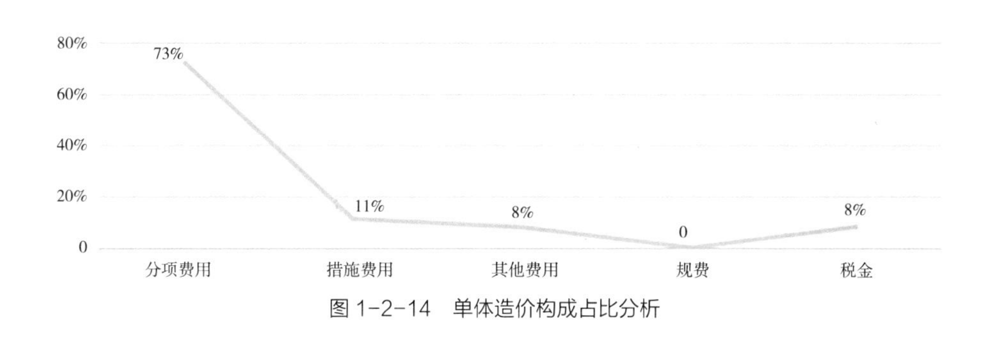

图 1-2-14 单体造价构成占比分析

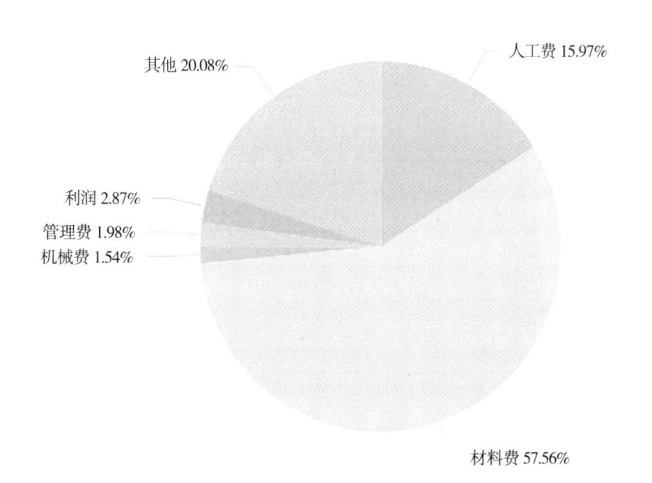

图 1-2-15 工程费用造价占比

某办公业务大楼工程（17 层）

工程概况表　　表 1-2-20

<table>
<tr><td colspan="2" rowspan="2">计价时期</td><td>年份</td><td>2020</td><td rowspan="2">计价地区</td><td>省份</td><td>广东</td><td>建设类型</td><td colspan="2">新建</td></tr>
<tr><td>月份</td><td>7</td><td>城市</td><td>东莞</td><td>工程造价（万元）</td><td colspan="2">8574.48</td></tr>
<tr><td colspan="2">专业类别</td><td colspan="2">房建工程</td><td>工程类别</td><td colspan="2">办公建筑</td><td rowspan="2">计价依据</td><td>清单</td><td>2013</td></tr>
<tr><td colspan="2">计税模式</td><td colspan="2">增值税</td><td>建筑物类型</td><td colspan="2">高层建筑</td><td>定额</td><td>2018</td></tr>
<tr><td colspan="2" rowspan="2">建筑面积（m^2）</td><td>±0.00 以下</td><td>3523.32</td><td rowspan="2">高度（m）</td><td>±0.00 以下</td><td>10.50</td><td rowspan="2">层数</td><td>±0.00 以下</td><td>2</td></tr>
<tr><td>±0.00 以上</td><td>25569.86</td><td>±0.00 以上</td><td>75.65</td><td>±0.00 以上</td><td>17</td></tr>
<tr><td rowspan="9">建筑装饰工程</td><td>基础</td><td colspan="8">抗浮锚杆、独立基础、满堂基础</td></tr>
<tr><td>结构形式</td><td colspan="8">现浇钢筋混凝土结构</td></tr>
<tr><td>砌体 / 隔墙</td><td colspan="8">蒸压加气混凝土砌块</td></tr>
<tr><td>屋面工程</td><td colspan="8">高分子防水卷材、高分子防水涂料、聚苯乙烯泡沫保温板、防滑砖</td></tr>
<tr><td>楼地面</td><td colspan="8">环氧自流平楼地面、聚氨酯自流平楼地面、防静电地板</td></tr>
<tr><td>天棚</td><td colspan="8">金属氟碳漆（公共区域及设备用房）、乳胶漆（备勤用房、楼梯间）</td></tr>
<tr><td>内墙面</td><td colspan="8">墙面一般抹灰</td></tr>
<tr><td>外墙面</td><td colspan="8">干挂石材幕墙（镀锌钢骨架）、2.5mm 铝单板幕墙、玻璃幕墙（8Low-E+12A+8mm 双钢化中空玻璃）、真石漆</td></tr>
<tr><td>门窗</td><td colspan="8">钢质防火门、防火卷帘门、金属百叶窗、铝合金门窗（钢化中空玻璃）</td></tr>
<tr><td rowspan="6">机电安装工程</td><td>电气</td><td colspan="8">配电箱 100 台</td></tr>
<tr><td>给排水</td><td colspan="8">冷水系统：PPR 管、钢丝网骨架塑料（PE）复合管；排水系统：U-PVC 管、衬塑镀锌钢管</td></tr>
<tr><td>通风空调</td><td colspan="8">轴流风机 14 台、离心风机 7 台</td></tr>
<tr><td>智能化</td><td colspan="8">智能化预埋管</td></tr>
<tr><td>电梯</td><td colspan="8">客梯兼无障碍电梯 2 部、客梯 3 部、消防电梯 1 部</td></tr>
<tr><td>消防</td><td colspan="8">消火栓系统、喷淋系统、自动报警系统、残卫报警系统</td></tr>
</table>

工程造价指标分析表　　表 1-2-21

建筑面积：29093.18m^2　　经济指标：2947.25元/m^2

<table>
<tr><td colspan="3">专业</td><td>工程造价（万元）</td><td>造价比例</td><td>经济指标（元 /m^2）</td></tr>
<tr><td colspan="3">建筑装饰工程</td><td>6466.54</td><td>75.42%</td><td>2222.70</td></tr>
<tr><td colspan="3">机电安装工程</td><td>2107.94</td><td>24.58%</td><td>724.55</td></tr>
<tr><td rowspan="8">其中</td><td rowspan="2">建筑装饰工程</td><td>建筑</td><td>5780.40</td><td>67.42%</td><td>1986.86</td></tr>
<tr><td>装修</td><td>686.14</td><td>8.00%</td><td>235.84</td></tr>
<tr><td rowspan="6">机电安装工程</td><td>电气</td><td>745.77</td><td>8.70%</td><td>256.34</td></tr>
<tr><td>通风空调</td><td>319.34</td><td>3.72%</td><td>109.76</td></tr>
<tr><td>给排水</td><td>158.99</td><td>1.85%</td><td>54.65</td></tr>
<tr><td>消防</td><td>612.52</td><td>7.14%</td><td>210.54</td></tr>
<tr><td>电梯</td><td>257.92</td><td>3.01%</td><td>88.65</td></tr>
<tr><td>智能化</td><td>13.40</td><td>0.16%</td><td>4.61</td></tr>
</table>

土建造价含量表 表 1-2-22

指标类型				造价含量
混凝土	主体	柱	含量（m^3/m^2）	0.06
			价格（元/m^3）	830.21
		梁、板	含量（m^3/m^2）	0.20
			价格（元/m^3）	696.41
		墙	含量（m^3/m^2）	0.09
			价格（元/m^3）	741.86
		含量小计		0.35
	基础	承台	含量（m^3/m^2）	0.03
			价格（元/m^3）	695.33
		其他基础	含量（m^3/m^2）	0.15
			价格（元/m^3）	669.81
		含量小计		0.18
	其他	其他混凝土	含量（m^3/m^2）	0.02
			价格（元/m^3）	783.17
		含量小计		0.02
	含量合计			0.55
钢筋	钢筋	钢筋	含量（kg/m^2）	74.05
			价格（元/t）	4889.51
		含量小计		74.05
	含量合计			74.05
模板	主体	柱	含量（m^2/m^2）	0.27
			价格（元/m^2）	43.70
		梁、板	含量（m^2/m^2）	1.44
			价格（元/m^2）	72.70
		墙	含量（m^2/m^2）	0.62
			价格（元/m^2）	51.52
		含量小计		2.33
	基础	其他基础	含量（m^2/m^2）	0.02
			价格（元/m^2）	150.96
		含量小计		0.02
	其他	其他模板	含量（m^2/m^2）	0.37
			价格（元/m^2）	80.96
		含量小计		0.37
	含量合计			2.72

机电造价含量表 表 1-2-23

专业	部位	系统	单位	总工程量	总价（万元）	百方含量	单方造价（元）
消防	消防报警末端	广播	个	109.00	1.00	0.37	0.34
		模块	个	472.00	15.06	1.62	5.18
		温感、烟感	个	1305.00	15.48	4.49	5.32
		小计	—	—	31.54	—	10.84
	消防水	喷头	个	3784.00	19.01	13.01	6.53
		消火栓箱	套	130.00	15.34	0.45	5.27
		小计	—	—	34.35	—	11.80
	消防电设备	广播主机	台	22.00	15.82	0.08	5.44
		电源	套	1.00	0.18	0.00	0.06
		电话主机	台	1.00	0.62	0.00	0.21
		小计	—	—	16.62	—	5.71
电气	管线	母线	m	47.41	42.10	0.16	14.47
		电线管	m	18851.49	37.73	64.80	12.97
		电线	m	45712.90	22.98	157.13	7.90
		电缆	m	9505.24	199.83	32.67	68.68
		线槽、桥架	m	1671.93	32.27	5.75	11.09
		小计	—	—	334.91	—	115.11
	终端	开关插座	个	203.00	0.62	0.70	0.21
		泛光照明灯具	套	1410.00	21.90	4.85	7.53
		小计	—	—	22.52	—	7.74
	设备	发电机	台	1.00	96.24	0.00	33.08
		配电箱	台	100.00	70.62	0.34	24.27
		高低压配电柜	台	26.00	139.46	0.09	47.94
		小计	—	—	306.32	—	105.29
给排水	末端	洁具、地漏	组	200.00	1.36	0.69	0.47
		小计	—	—	1.36	—	0.47
	管线	水管	m	6736.25	78.84	23.15	27.10
		阀门	个	202.00	13.05	0.69	4.48
		小计	—	—	91.89	—	31.58
	设备	水箱	台	2.00	11.77	0.01	4.04
		泵	套	28.00	14.52	0.10	4.99
		小计	—	—	26.29	—	9.03
通风空调	保温	风阀	个	224.00	17.29	0.77	5.94
		小计	—	—	17.29	—	5.94
	末端	风口	个	502.00	15.51	1.73	5.33
		小计	—	—	15.51	—	5.33
	管线	风管	m^2	5464.60	105.52	18.78	36.27
		小计	—	—	105.52	—	36.27
	设备	风机	台	23.00	32.81	0.08	11.28
		小计	—	—	32.81	—	11.28

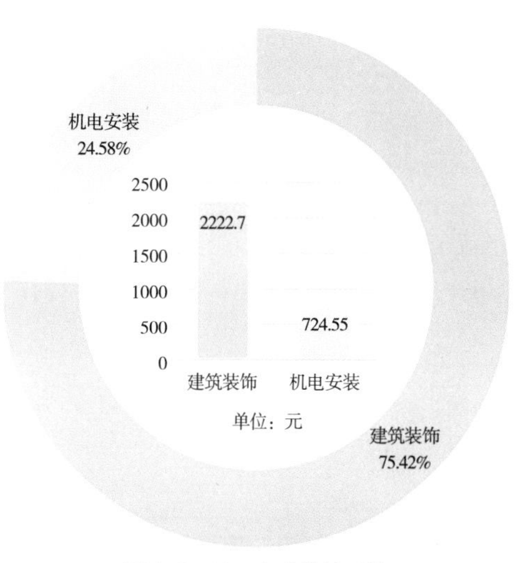

图1-2-16　专业造价对比

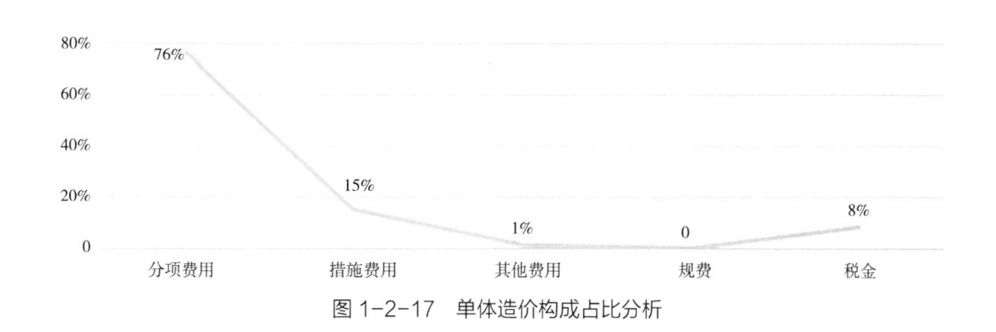

图1-2-17　单体造价构成占比分析

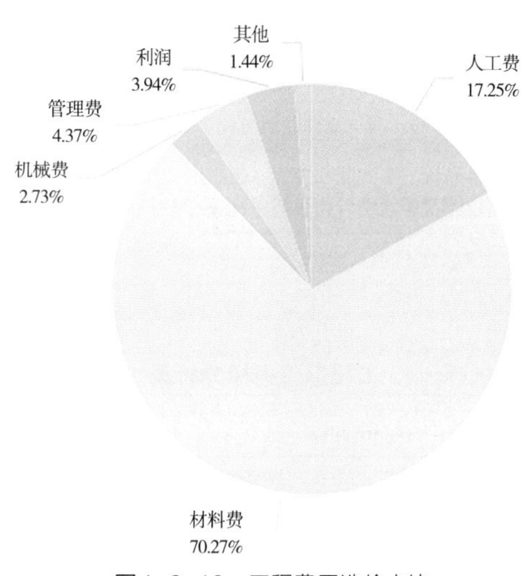

图1-2-18　工程费用造价占比

某办公大楼工程（35 层）

工程概况表　　表 1-2-24

<table>
<tr><td rowspan="2">计价时期</td><td>年份</td><td>2018</td><td rowspan="2">计价地区</td><td>省份</td><td>广东</td><td>建设类型</td><td colspan="2">新建</td></tr>
<tr><td>月份</td><td>12</td><td>城市</td><td>广州</td><td>工程造价（万元）</td><td colspan="2">71062.02</td></tr>
<tr><td>专业类别</td><td colspan="2">房建工程</td><td>工程类别</td><td colspan="2">办公建筑</td><td rowspan="2">计价依据</td><td>清单</td><td>2013</td></tr>
<tr><td>计税模式</td><td colspan="2">增值税</td><td>建筑物类型</td><td colspan="2">高层建筑</td><td>定额</td><td>2018</td></tr>
<tr><td rowspan="2">建筑面积（m²）</td><td>±0.00 以下</td><td>58364.20</td><td rowspan="2">高度（m）</td><td>±0.00 以下</td><td>19.80</td><td rowspan="2">层数</td><td>±0.00 以下</td><td>4</td></tr>
<tr><td>±0.00 以上</td><td>83402.60</td><td>±0.00 以上</td><td>164.90</td><td>±0.00 以上</td><td>35</td></tr>
</table>

<table>
<tr><td rowspan="9">建筑装饰工程</td><td>基础</td><td>抗浮锚杆、独立基础、满堂基础</td></tr>
<tr><td>结构形式</td><td>现浇钢筋混凝土结构、局部钢结构（空腹钢柱、钢梁）</td></tr>
<tr><td>砌体 / 隔墙</td><td>蒸压加气混凝土砌块、玻璃隔断</td></tr>
<tr><td>屋面工程</td><td>高聚物改性沥青防水卷材、聚苯乙烯泡沫保温板</td></tr>
<tr><td>楼地面</td><td>耐磨混凝土地坪、400mm×400mm 防滑砖、400mm×400mm 抛光砖</td></tr>
<tr><td>天棚</td><td>喷刷内墙涂料、乳胶漆、无机防霉涂料、埃特板吊顶</td></tr>
<tr><td>内墙面</td><td>乳胶漆</td></tr>
<tr><td>外墙面</td><td>外墙涂料，玻璃幕墙（HS6+1.52PVB+HS6Low-E+12A+TP10 半钢化夹胶中空玻璃）、4mm 铝板幕墙（轻钢龙骨）</td></tr>
<tr><td>门窗</td><td>钢质防火门、铝合金门窗（HS8+1.52PVB+HS8Low-E+12A+HS8+1.52PVB+HS8 半钢化夹胶中空玻璃）、金属百叶窗、防火卷帘门</td></tr>
<tr><td rowspan="7">机电安装工程</td><td>电气</td><td>配电箱 893 台、高低压配电柜 10 台</td></tr>
<tr><td>给排水</td><td>冷水系统：不锈钢管、PPR 管；排水系统：U-PVC 管、HDPE 管</td></tr>
<tr><td>通风空调</td><td>离心风机 141 台、吸离心泵 25 台、空调器 87 台、轴流风机 89 台</td></tr>
<tr><td>智能化</td><td>BAS 系统、UPS 配电系统、入侵报警系统、公共广播系统、无线对讲系统、电子巡查系统、电梯五方对讲系统、能源管理系统、视频监控系统、计算机系统、门禁系统、综合布线系统、车辆管理系统</td></tr>
<tr><td>电梯</td><td>客梯 11 部、客梯兼消防梯 4 部、货梯兼消防梯 1 部、消防电梯 1 部、自动扶梯 57 部</td></tr>
<tr><td>消防</td><td>气体灭火系统、喷淋系统、水炮联动控制系统、消火栓系统、火灾自动报警系统、消防设备电源监控系统、线型光纤感温探测报警系统、防火门监控系统</td></tr>
<tr><td>抗震支架</td><td>抗震支吊架</td></tr>
</table>

工程造价指标分析表　　表 1-2-25

建筑面积：141766.80m²　　经济指标：5012.60元/m²

专业	工程造价（万元）	造价比例	经济指标（元 /m²）
建筑装饰工程	52492.30	73.87%	3702.72

续表

专业			工程造价（万元）	造价比例	经济指标（元/m^2）
机电安装工程			18569.72	26.13%	1309.88
其中	建筑装饰工程	建筑	48864.01	68.76%	3446.79
		装修	3628.29	5.11%	255.93
	机电安装工程	电气	2723.31	3.83%	192.10
		通风空调	5649.66	7.95%	398.51
		给排水	1309.75	1.84%	92.39
		消防	3126.53	4.40%	220.54
		电梯	3745.20	5.27%	264.18
		智能化	1441.45	2.03%	101.68
		抗震支架	573.82	0.81%	40.48

土建造价含量表　　　　**表 1-2-26**

指标类型				造价含量
混凝土	主体	柱	含量（m^3/m^2）	0.08
			价格（元/m^3）	929.24
		梁、板	含量（m^3/m^2）	0.27
			价格（元/m^3）	787.81
		墙	含量（m^3/m^2）	0.07
			价格（元/m^3）	1090.03
		含量小计		0.42
	基础	承台	含量（m^3/m^2）	0.00
			价格（元/m^3）	802.45
		独立基础	含量（m^3/m^2）	0.02
			价格（元/m^3）	805.15
		其他基础	含量（m^3/m^2）	0.12
			价格（元/m^3）	808.30
		含量小计		0.14
	其他	其他混凝土	含量（m^3/m^2）	0.03
			价格（元/m^3）	847.75
		含量小计		0.03
	含量合计			0.59

续表

指标类型				造价含量
钢筋	钢筋	钢筋	含量（kg/m²）	97.21
			价格（元/t）	5184.64
		含量小计		97.21
	含量合计			97.21
模板	主体	柱	含量（m²/m²）	0.22
			价格（元/m²）	64.98
		梁、板	含量（m²/m²）	1.41
			价格（元/m²）	74.82
		墙	含量（m²/m²）	0.24
			价格（元/m²）	45.48
		含量小计		1.87
	基础	其他基础	含量（m²/m²）	0.00
			价格（元/m²）	29.89
		含量小计		0.00
	其他	其他模板	含量（m²/m²）	0.19
			价格（元/m²）	94.77
		含量小计		0.19
	含量合计			2.06

机电造价含量表 表 1-2-27

专业	部位	系统	单位	总工程量	总价（万元）	百方含量	单方造价（元）
消防	消防报警末端	模块	个	5282.00	177.88	3.73	12.55
		温感、烟感	个	3993.00	130.58	2.82	9.21
		小计	—	—	308.46	—	21.76
	消防水	喷头	个	22075.00	191.41	15.57	13.50
		泵	套	17.00	73.97	0.01	5.22
		消火栓箱	套	505.00	168.37	0.36	11.88
		小计	—	—	433.75	—	30.60
	消防电设备	报警主机	台	7.00	29.53	0.00	2.08
		电源	套	4.00	1.69	0.00	0.12
		电话主机	台	2.00	1.52	0.00	0.11
		小计	—	—	32.74	—	2.31

续表

专业	部位	系统	单位	总工程量	总价（万元）	百方含量	单方造价（元）
电气	管线	母线	m	1377.60	267.60	0.97	18.88
		电线管	m	97940.73	200.32	69.09	14.13
		电线	m	274798.81	108.25	193.84	7.64
		电缆	m	92979.72	1127.81	65.59	79.55
		线槽、桥架	m	19670.95	270.64	13.88	19.09
		小计	—	—	1974.62	—	139.29
	终端	开关插座	个	1724.00	8.54	1.22	0.60
		泛光照明灯具	套	6797.00	139.46	4.79	9.84
		小计	—	—	148.00	—	10.44
	设备	配电箱	台	895.00	443.84	0.63	31.31
		高低压配电柜	台	10.00	17.52	0.01	1.24
		小计	—	—	461.36	—	32.55
给排水	末端	洁具、地漏	组	1530.00	126.65	1.08	8.93
		小计	—	—	126.65	—	8.93
	管线	水管	m	31723.40	693.39	22.38	48.91
		阀门	个	870.00	125.66	0.61	8.86
		小计	—	—	819.05	—	57.77
	设备	水箱	台	6.00	43.41	0.00	3.06
		泵	套	76.00	100.05	0.05	7.06
		小计	—	—	143.46	—	10.12
通风空调	保温	风阀	个	2248.00	236.09	1.59	16.65
		小计	—	—	236.09	—	16.65
	末端	风口	个	4687.00	157.09	3.31	11.08
		风机盘管	台	1244.00	157.53	0.88	11.11
		小计	—	—	314.62	—	22.19
	管线	风管	m^2	83140.78	1565.44	58.65	110.42
		小计	—	—	1565.44	—	110.42
	设备	冷却塔	台	10.00	156.98	0.01	11.07
		冷水机组	台	6.00	470.14	0.00	33.16
		泵	套	25.00	104.58	0.02	7.38
		空调器	台	145.00	253.46	0.10	17.88
		风机	台	293.00	262.78	0.21	18.54
		小计	—	—	1247.94	—	88.03

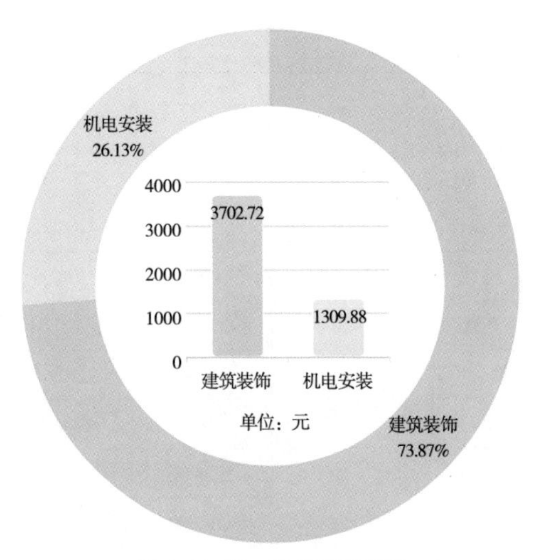

图 1-2-19　专业造价对比

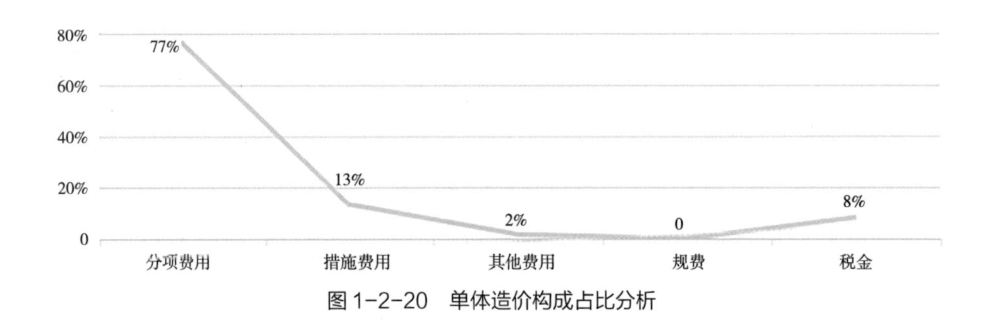

图 1-2-20　单体造价构成占比分析

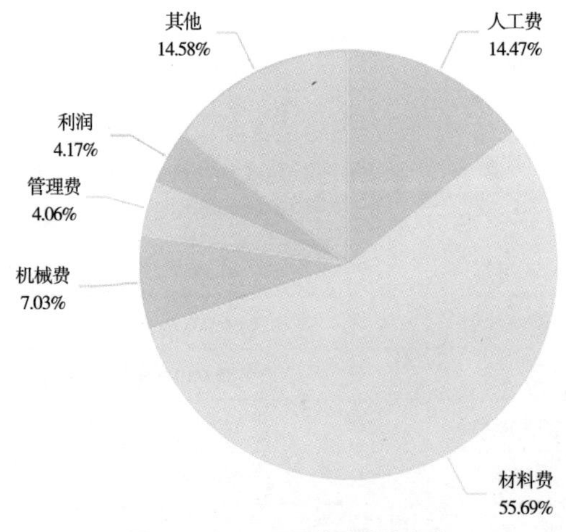

图1-2-21　工程费用造价占比

第三节 商业建筑

某商业公寓楼工程（8~18层）

项目造价汇总表 表 1-3-1

<table>
<tr><td rowspan="2">计价时期</td><td>年</td><td>月</td><td rowspan="2">地区</td><td>省</td><td>市</td><td>建设类型</td><td>新建</td></tr>
<tr><td>2020</td><td>8</td><td>广东</td><td>广州</td><td>项目总造价（万元）</td><td>27110.23</td></tr>
<tr><td>专业类别</td><td colspan="2">房建工程</td><td rowspan="2">计价依据</td><td>清单</td><td>2013</td><td>建筑面积（m²）</td><td>86416.19</td></tr>
<tr><td>计税模式</td><td colspan="2">增值税</td><td>定额</td><td>2018</td><td>经济指标（元/m²）</td><td>3137.17</td></tr>
<tr><td colspan="3">单项工程</td><td>工程造价（万元）</td><td>造价比例</td><td>计量基础建筑面积（m²）</td><td colspan="2">单方造价（元/m²）</td></tr>
<tr><td colspan="3">地下室</td><td>8436.65</td><td>31.12%</td><td>26230.66</td><td colspan="2">3216.33</td></tr>
<tr><td colspan="3">东1栋（4~18层公寓）</td><td>5197.31</td><td>19.17%</td><td>18312.30</td><td colspan="2">2838.15</td></tr>
<tr><td colspan="3">东2栋（4~12层公寓）</td><td>4424.09</td><td>16.32%</td><td>14984.07</td><td colspan="2">2952.53</td></tr>
<tr><td colspan="3">东3栋（4~8层公寓）</td><td>1364.63</td><td>5.03%</td><td>3842.74</td><td colspan="2">3551.19</td></tr>
<tr><td colspan="3">裙楼（3层商业）</td><td>6865.68</td><td>25.33%</td><td>23046.42</td><td colspan="2">2979.07</td></tr>
<tr><td colspan="3">其他工程</td><td>821.87</td><td>3.03%</td><td>86416.19</td><td colspan="2">95.11</td></tr>
</table>

工程概况表 表 1-3-2

<table>
<tr><td colspan="2" rowspan="2">计价时期</td><td>年份</td><td>2020</td><td rowspan="2">计价地区</td><td>省份</td><td>广东</td><td>建设类型</td><td colspan="2">新建</td></tr>
<tr><td>月份</td><td>8</td><td>城市</td><td>广州</td><td>工程造价（万元）</td><td colspan="2">27110.23</td></tr>
<tr><td colspan="2">专业类别</td><td colspan="2">房建工程</td><td>工程类别</td><td colspan="2">商业建筑</td><td rowspan="2">计价依据</td><td>清单</td><td>2013</td></tr>
<tr><td colspan="2">计税模式</td><td colspan="2">增值税</td><td>建筑物类型</td><td colspan="2">综合商厦</td><td>定额</td><td>2018</td></tr>
<tr><td colspan="2" rowspan="2">建筑面积（m²）</td><td>±0.00以下</td><td>26230.66</td><td rowspan="2">高度（m）</td><td>±0.00以下</td><td>9.15</td><td rowspan="2">层数</td><td>±0.00以下</td><td>2</td></tr>
<tr><td>±0.00以上</td><td>60185.53</td><td>±0.00以上</td><td>44.10/62.10/89.10</td><td>±0.00以上</td><td>8/12/18</td></tr>
<tr><td rowspan="3">建筑装饰工程</td><td>基础</td><td colspan="8">满堂基础</td></tr>
<tr><td>结构形式</td><td colspan="8">现浇钢筋混凝土结构</td></tr>
<tr><td>砌体/隔墙</td><td colspan="8">蒸压加气混凝土砌块</td></tr>
</table>

续表

建筑装饰工程	屋面工程	高分子防水涂料、改性沥青防水卷材、聚合物水泥防水涂料
	楼地面	水泥砂浆楼地面
	天棚	防霉涂料（裙楼）
	内墙面	水泥砂浆墙面
	外墙面	3mm 平面铝板幕墙、玻璃幕墙（TP6+1.52PVB+TP6mm 双钢化镀膜夹胶玻璃）、铝合金装饰条
	门窗	钢质防火门、木质门、玻璃百叶窗（夹胶玻璃）、人防窗、铝合金窗、防火卷帘门
机电安装工程	电气	配电箱 824 台、充电桩配电箱 20 台
	给排水	冷热水系统：不锈钢管；排水系统：U–PVC 管
	通风空调	低噪声柜式离心风机 86 台、轴流风机 3 台、混流加压风机 40 台
	智能化	安防系统
	电梯	客梯 7 部、客梯兼消防电梯 4 部、商业客梯 1 部
	消防	火宅自动报警系统、气体灭火系统、喷淋系统、消火栓系统、防火门监控系统、消防设备电源监控系统、电气火灾监控系统
	抗震支架	抗震支吊架
人防工程		防护密闭门、密闭门、悬板式防爆波活门、人防给水工程、人防电气工程、人防暖通工程

工程造价指标分析表 表 1–3–3

建筑面积：86416.19m^2　　经济指标：3137.17元/m^2

专业			工程造价（万元）	造价比例	经济指标（元 /m^2）
建筑装饰工程			21858.28	80.63%	2529.42
机电安装工程			4906.89	18.10%	567.82
人防工程			345.06	1.27%	39.93
其中	建筑装饰工程	建筑	17581.25	64.85%	2034.49
		装修	4277.03	15.78%	494.93
	机电安装工程	电气	1570.47	5.79%	181.73
		通风空调	853.71	3.15%	98.79
		给排水	361.12	1.33%	41.79
		消防	1243.49	4.59%	143.90
		电梯	521.54	1.92%	60.35
		智能化	93.71	0.35%	10.84
		抗震支架	262.84	0.97%	30.42
	人防工程	电气	63.80	0.24%	7.38
		给排水	13.07	0.05%	1.51
		人防门	244.84	0.90%	28.34
		暖通	23.35	0.09%	2.70

土建造价含量表　　　　**表 1-3-4**

指标类型				造价含量
混凝土	主体	柱	含量（m^3/m^2）	0.06
			价格（元 /m^3）	898.41
		梁、板	含量（m^3/m^2）	0.25
			价格（元 /m^3）	700.09
		墙	含量（m^3/m^2）	0.08
			价格（元 /m^3）	772.19
		含量小计		0.39
	基础	承台	含量（m^3/m^2）	0.02
			价格（元 /m^3）	711.44
		其他基础	含量（m^3/m^2）	0.09
			价格（元 /m^3）	711.26
		含量小计		0.11
	其他	其他混凝土	含量（m^3/m^2）	0.01
			价格（元 /m^3）	763.16
		含量小计		0.01
	含量合计			0.51
钢筋	钢筋	钢筋	含量（kg/m^2）	77.47
			价格（元 /t）	4884.58
		含量小计		77.47
	含量合计			77.47
模板	主体	柱	含量（m^2/m^2）	0.25
			价格（元 /m^2）	69.42
		梁、板	含量（m^2/m^2）	1.43
			价格（元 /m^2）	82.21
		墙	含量（m^2/m^2）	0.28
			价格（元 /m^2）	54.36
		含量小计		1.96
	基础	其他基础	含量（m^2/m^2）	0.00
			价格（元 /m^2）	27.86
		含量小计		0.00
	其他	其他模板	含量（m^2/m^2）	0.66
			价格（元 /m^2）	68.77
		含量小计		0.66
	含量合计			2.62

机电造价含量表 表 1-3-5

专业	部位	系统	单位	总工程量	总价（万元）	百方含量	单方造价（元）
消防	消防报警末端	广播	个	465.00	5.67	0.54	0.66
		模块	个	898.00	39.09	1.04	4.52
		温感、烟感	个	2719.00	31.39	3.15	3.63
		小计	—	—	76.15	—	8.81
	消防水	喷头	个	11847.00	60.25	13.71	6.97
		消火栓箱	套	272.00	42.96	0.31	4.97
		小计	—	—	103.21	—	11.94
	消防电设备	报警主机	台	10.00	12.73	0.01	1.47
		电源	套	1.00	0.50	0.00	0.06
		电话主机	台	1.00	0.76	0.00	0.09
		小计	—	—	13.99	—	1.62
电气	管线	母线	m	103.25	23.89	0.12	2.76
		电线管	m	63339.93	115.47	73.30	13.36
		电线	m	163650.50	128.96	189.37	14.92
		电缆	m	43129.74	700.85	49.91	81.10
		线槽、桥架	m	8690.47	113.10	10.06	13.09
		小计	—	—	1082.27	—	125.23
	终端	开关插座	个	886.00	3.33	1.03	0.39
		泛光照明灯具	套	4434.00	56.41	5.13	6.53
		小计	—	—	59.74	—	6.92
	设备	配电箱	台	824.00	255.67	0.95	29.59
		小计	—	—	255.67	—	29.59
给排水	末端	洁具、地漏	组	366.00	5.14	0.42	0.59
		小计	—	—	5.14	—	0.59
	管线	水管	m	13274.97	134.70	15.36	15.59
		阀门	个	503.00	27.57	0.58	3.19
		小计	—	—	162.27	—	18.78
	设备	水箱	台	3.00	26.96	0.00	3.12
		泵	套	56.00	115.05	0.06	13.31
		小计	—	—	142.01	—	16.43
通风空调	保温	风阀	个	238.00	25.32	0.28	2.93
		小计	—	—	25.32	—	2.93
	末端	风口	个	1018.00	45.77	1.18	5.30
		小计	—	—	45.77	—	5.30
	管线	风管	m^2	15298.34	340.84	17.70	39.44
		小计	—	—	340.84	—	39.44
	设备	空调器	台	105.00	150.88	0.12	17.46
		风机	台	139.00	110.30	0.16	12.76
		小计	—	—	261.18	—	30.22

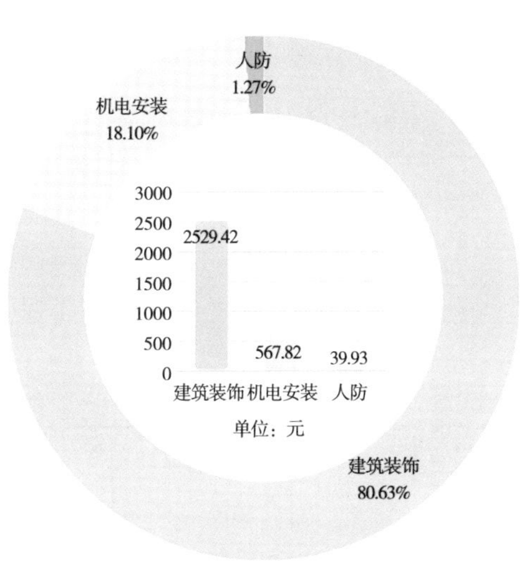

图 1-3-1　专业造价对比

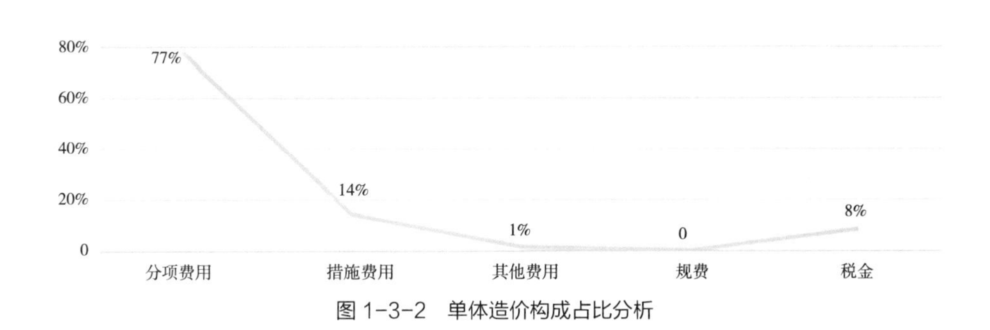

图 1-3-2　单体造价构成占比分析

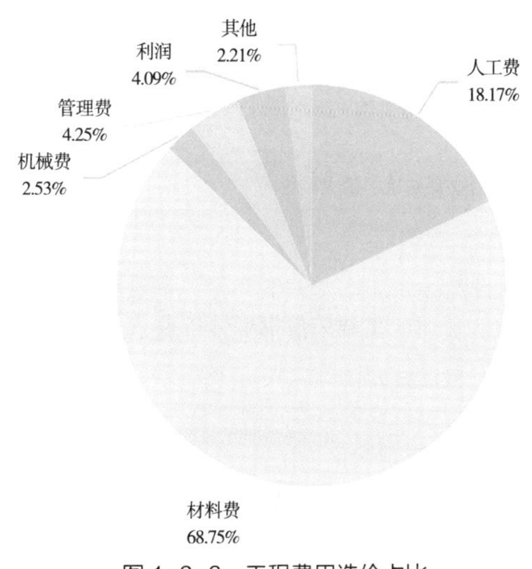

图 1-3-3　工程费用造价占比

第四节　文化建筑

某展览楼工程（3层）

工程概况表　　表 1-4-1

<table>
<tr><td rowspan="2">计价时期</td><td>年份</td><td>2019</td><td rowspan="2">计价地区</td><td>省份</td><td>广东</td><td>建设类型</td><td colspan="2">新建</td></tr>
<tr><td>月份</td><td>1</td><td>城市</td><td>广州</td><td>工程造价（万元）</td><td colspan="2">1204.81</td></tr>
<tr><td>专业类别</td><td colspan="2">房建工程</td><td>工程类别</td><td colspan="2">文化建筑</td><td rowspan="2">计价依据</td><td>清单</td><td>2013</td></tr>
<tr><td>计税模式</td><td colspan="2">增值税</td><td>建筑物类型</td><td colspan="2">展览馆</td><td>定额</td><td>2010</td></tr>
<tr><td rowspan="2">建筑面积（m²）</td><td>±0.00 以下</td><td>0</td><td rowspan="2">高度（m）</td><td>±0.00 以下</td><td>0</td><td rowspan="2">层数</td><td>±0.00 以下</td><td>0</td></tr>
<tr><td>±0.00 以上</td><td>1467.00</td><td>±0.00 以上</td><td>9.65</td><td>±0.00 以上</td><td>3</td></tr>
<tr><td rowspan="8">建筑装饰工程</td><td>结构形式</td><td colspan="7">现浇钢筋混凝土结构</td></tr>
<tr><td>砌体 / 隔墙</td><td colspan="7">蒸压加气混凝土砌块</td></tr>
<tr><td>屋面工程</td><td colspan="7">高聚物改性沥青防水涂料</td></tr>
<tr><td>楼地面</td><td colspan="7">300mm × 300mm 防滑砖、800mm × 800mm 抛釉砖</td></tr>
<tr><td>天棚</td><td colspan="7">1.5mm 铝板吊顶、12mm 水泥纤维板吊顶</td></tr>
<tr><td>内墙面</td><td colspan="7">800mm × 800mm 抛釉砖、无机涂料、800mm × 800mm 抛光砖</td></tr>
<tr><td>外墙面</td><td colspan="7">3mm 氟碳喷涂铝单板幕墙、铝合金玻璃幕墙（TP12Low-E+12A+TP12mm 钢化中空玻璃）、弧形铝合金玻璃幕墙（TP12Low-E+12A+TP12mm 钢化中空玻璃）、氟碳漆外墙涂料</td></tr>
<tr><td>门窗</td><td colspan="7">钢质防火门、彩板门、钢质防火窗</td></tr>
<tr><td rowspan="5">机电安装工程</td><td>电气</td><td colspan="7">配电箱 4 台</td></tr>
<tr><td>给排水</td><td colspan="7">冷热水系统：衬塑复合钢管、PPR 管；排水系统：涂塑钢管、U-PVC 管</td></tr>
<tr><td>通风空调</td><td colspan="7">离心式通风机 2 台、多联变频中央空调室内机组 47 台</td></tr>
<tr><td>智能化</td><td colspan="7">综合布线系统、计算机网络系统（内网、外网、智能网）、入侵报警及紧急求助系统、视频监控系统、无线对讲系统</td></tr>
<tr><td>消防</td><td colspan="7">喷淋系统、火灾自动报警系统、消火栓系统</td></tr>
</table>

工程造价指标分析表　　表 1-4-2

建筑面积：1467.00m²　　经济指标：8212.82元/m²

专业	工程造价（万元）	造价比例	经济指标（元 /m²）
建筑装饰工程	907.26	75.30%	6184.51
机电安装工程	297.55	24.70%	2028.31

续表

专业			工程造价（万元）	造价比例	经济指标（元/m^2）
其中	建筑装饰工程	建筑	808.78	67.13%	5513.18
		装修	98.48	8.17%	671.33
	机电安装工程	电气	15.95	1.32%	108.73
		通风空调	207.20	17.20%	1412.39
		给排水	5.94	0.49%	40.50
		消防	57.19	4.75%	389.88
		智能化	11.27	0.94%	76.81

土建造价含量表　　表 1-4-3

指标类型				造价含量
混凝土	主体	柱	含量（m^3/m^2）	0.08
			价格（元/m^3）	749.35
		梁、板	含量（m^3/m^2）	0.64
			价格（元/m^3）	724.11
		含量小计		0.72
	其他	其他混凝土	含量（m^3/m^2）	0.03
			价格（元/m^3）	782.51
		含量小计		0.03
	含量合计			0.75
钢筋	钢筋	钢筋	含量（kg/m^2）	208.79
			价格（元/t）	5061.92
		含量小计		208.79
	含量合计			208.79
模板	主体	柱	含量（m^2/m^2）	0.43
			价格（元/m^2）	92.40
		梁、板	含量（m^2/m^2）	2.95
			价格（元/m^2）	80.92
		含量小计		3.38
	其他	其他模板	含量（m^2/m^2）	0.50
			价格（元/m^2）	78.37
		含量小计		0.50
	含量合计			3.88

机电造价含量表 表 1-4-4

专业	部位	系统	单位	总工程量	总价（万元）	百方含量	单方造价（元）
消防	消防报警末端	广播	个	9.00	0.11	0.61	0.77
		模块	个	10.00	0.32	0.68	2.20
		温感、烟感	个	25.00	1.07	1.70	7.27
		小计	—	—	1.50	—	10.24
	消防水	喷头	个	840.00	6.29	57.26	42.87
		消火栓箱	套	5.00	1.26	0.34	8.61
		小计	—	—	7.55	—	51.49
电气	管线	电线管	m	980.71	1.96	66.85	13.38
		电线	m	2802.26	1.08	191.02	7.36
		电缆	m	84.95	0.70	5.79	4.74
		线槽、桥架	m	18.61	0.21	1.27	1.40
		小计	—	—	3.95	—	26.88
	终端	开关插座	个	40.00	0.09	2.73	0.64
		泛光照明灯具	套	130.00	1.53	8.86	10.46
		小计	—	—	1.62	—	11.10
	设备	配电箱	台	4.00	1.91	0.27	13.00
		小计	—	—	1.91	—	13.00
给排水	末端	洁具、地漏	组	15.00	0.69	1.02	4.67
		小计	—	—	0.69	—	4.67
	管线	水管	m	232.03	2.12	15.82	14.43
		阀门	个	12.00	1.35	0.82	9.23
		小计	—	—	3.47	—	23.66
通风空调	保温	风阀	个	28.00	2.10	1.91	14.29
		小计	—	—	2.10	—	14.29
	末端	风口	个	137.00	14.02	9.34	95.56
		风机盘管	台	3.00	0.60	0.20	4.06
		小计	—	—	14.62	—	99.62
	管线	风管	m^2	1572.77	28.48	107.21	194.13
		小计	—	—	28.48	—	194.13
	设备	空调器	台	48.00	119.99	3.27	817.91
		风机	台	3.00	4.37	0.20	29.81
		小计	—	—	124.36	—	847.72

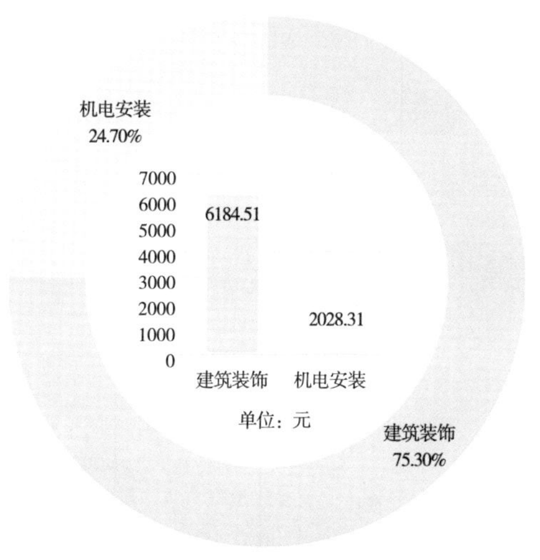

图 1-4-1　专业造价对比

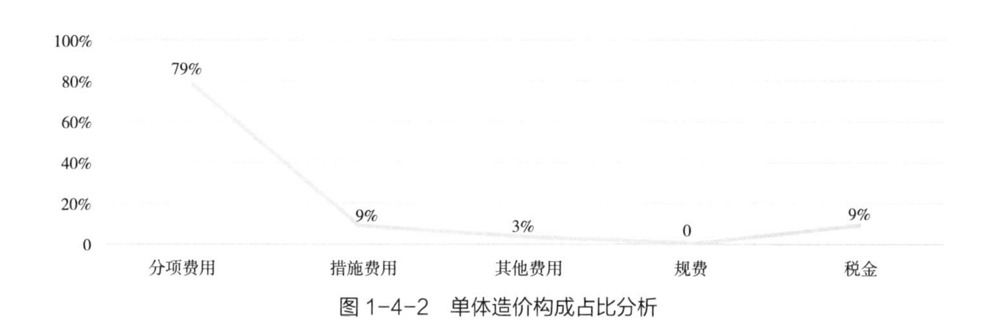

图 1-4-2　单体造价构成占比分析

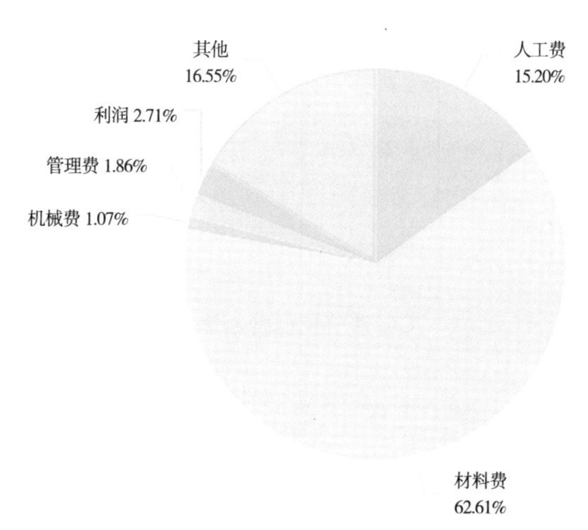

图 1-4-3　工程费用造价占比

某博物馆工程（3 层）

工程概况表　　　　表 1-4-5

计价时期	年份	2020	计价地区	省份	广东	建设类型	新建	
	月份	5		城市	广州	工程造价（万元）	20848.31	
专业类别	房建工程		工程类别	文化建筑		计价依据	清单	2013
计税模式	增值税		建筑物类型	博物馆			定额	2018
建筑面积（m^2）	± 0.00 以下	21293.00	高度（m）	± 0.00 以下	15.00	层数	± 0.00 以下	2
	± 0.00 以上	11138.00		± 0.00 以上	23.45		± 0.00 以上	3

建筑装饰工程	结构形式	现浇钢筋混凝土结构
	砌体 / 隔墙	蒸压加气混凝土砌块
	屋面工程	高分子防水涂料、高分子自粘卷材、聚苯乙烯泡沫保温板、琉璃瓦屋面
	楼地面	600mm × 600mm 防滑耐磨砖、水磨石楼地面、SPC 地板、800mm × 800mm 抛光砖、地毯楼地面、1200mm × 600mm 大理石楼地面、环氧树脂自流平楼地面
	天棚	无机防霉涂料、铝合金板吊顶
	内墙面	无机防霉涂料、大白浆、20mm 厚铝质蜂窝板 +3mm 厚不锈钢板、硅酸钙穿孔吸声板
	外墙面	陶土砖幕墙、镀膜玻璃幕墙（8mm 白玻 +1.52SGP+8mm）、干挂花岗石材幕墙
	门窗	铝合金窗（夹胶镀膜钢化玻璃）、钢质防火门
机电安装工程	电气	配电箱 289 台
	给排水	冷热水系统：钢塑复合管；排水系统：镀锌钢管、U-PVC 管
	通风空调	轴流风机 14 台、高效低水阻螺杆式冷水机组 3 台、恒温恒湿卧式变频空调机组 18 台、四管制风冷热泵机组 2 台、恒温恒湿定频空调机组 10 台
	智能化	综合布线系统、计算机网络系统、视频安防监控系统、出入口控制系统、入侵报警及声音复核系统、巡更系统、无线对讲系统、建筑设备监控系统、智能照明控制系统、电力监控及能源计量系统、公共广播系统、安全管理系统、多媒体会议系统
	电梯	电梯 10 部
	消防	气体灭火系统、火灾自动报警系统、喷淋系统、消火栓系统
	抗震支架	抗震支吊架

工程造价指标分析表　　　　表 1-4-6

建筑面积：32431.00m^2　　　　经济指标：6428.52元/m^2

专业	工程造价（万元）	造价比例	经济指标（元 /m^2）
建筑装饰工程	13049.56	62.59%	4023.80

续表

专业			工程造价（万元）	造价比例	经济指标（元/m²）
机电安装工程			7798.75	37.41%	2404.72
其中	建筑装饰工程	建筑	9892.45	47.45%	3050.31
		装修	3157.11	15.14%	973.49
	机电安装工程	电气	1498.52	7.19%	462.06
		通风空调	2430.02	11.65%	749.29
		给排水	307.24	1.47%	94.74
		消防	1886.02	9.05%	581.55
		电梯	335.76	1.61%	103.53
		智能化	1131.54	5.43%	348.91
		抗震支架	209.65	1.01%	64.64

土建造价含量表　　表 1-4-7

指标类型				造价含量
混凝土	主体	柱	含量（m³/m²）	0.09
			价格（元/m³）	936.10
		梁、板	含量（m³/m²）	0.32
			价格（元/m³）	766.34
		墙	含量（m³/m²）	0.15
			价格（元/m³）	806.23
		含量小计		0.56
	基础	独立基础	含量（m³/m²）	0.05
			价格（元/m³）	798.46
		其他基础	含量（m³/m²）	0.19
			价格（元/m³）	798.25
		含量小计		0.24
	其他	其他混凝土	含量（m³/m²）	0.02
			价格（元/m³）	830.48
		含量小计		0.02
	含量合计			0.82
钢筋	钢筋	钢筋	含量（kg/m²）	133.82
			价格（元/t）	5122.22
		含量小计		133.82
	含量合计			133.82

续表

指标类型				造价含量
模板	主体	柱	含量（m^2/m^2）	0.42
			价格（元/m^2）	84.25
		梁、板	含量（m^2/m^2）	1.61
			价格（元/m^2）	110.04
		墙	含量（m^2/m^2）	0.75
			价格（元/m^2）	69.47
		含量小计		2.78
	基础	其他基础	含量（m^2/m^2）	0.04
			价格（元/m^2）	321.36
		含量小计		0.04
	其他	其他模板	含量（m^2/m^2）	0.31
			价格（元/m^2）	82.64
		含量小计		0.31
	含量合计			3.13

机电造价含量表 表 1-4-8

专业	部位	系统	单位	总工程量	总价（万元）	百方含量	单方造价（元）
消防	消防报警末端	模块	个	1599.00	61.02	4.93	18.82
		温感、烟感	个	1570.00	50.33	4.84	15.52
		小计	—	—	111.35	—	34.34
	消防水	喷头	个	3856.00	27.57	11.89	8.50
		泵	套	5.00	11.35	0.02	3.50
		消火栓箱	套	185.00	37.08	0.57	11.43
		小计	—	—	76.00	—	23.43
	消防电设备	广播主机	台	1.00	0.26	0.00	0.08
		报警主机	台	2.00	5.66	0.01	1.75
		电源	套	5.00	1.30	0.02	0.40
		电话主机	台	1.00	0.72	0.00	0.22
		小计	—	—	7.94	—	2.45

续表

专业	部位	系统	单位	总工程量	总价（万元）	百方含量	单方造价（元）
电气	管线	电线管	m	34814.46	90.30	107.35	27.84
		电线	m	97843.54	39.40	301.70	12.15
		电缆	m	31622.84	660.79	97.51	203.75
		线槽、桥架	m	4561.69	82.44	14.07	25.42
		小计	—	—	872.93	—	269.16
	终端	开关插座	个	1483.00	7.11	4.57	2.19
		泛光照明灯具	套	9902.50	235.91	30.53	72.74
		小计	—	—	243.02	—	74.93
	设备	配电箱	台	289.00	157.31	0.89	48.51
		小计	—	—	157.31	—	48.51
给排水	末端	洁具、地漏	组	547.00	46.59	1.69	14.37
		小计	—	—	46.59	—	14.37
	管线	水管	m	7391.47	82.71	22.79	25.50
		阀门	个	377.00	36.31	1.16	11.20
		小计	—	—	119.02	—	36.70
	设备	水箱	台	1.00	7.69	0.00	2.37
		泵	套	62.00	62.98	0.19	19.42
		小计	—	—	70.67	—	21.79
通风空调	保温	风阀	个	822.00	47.81	2.53	14.74
		小计	—	—	47.81	—	14.74
	末端	风口	个	1525.00	36.56	4.70	11.27
		风机盘管	台	201.00	52.77	0.62	16.27
		小计	—	—	89.33	—	27.54
	管线	风管	m^2	17580.53	374.01	54.21	115.33
		小计	—	—	374.01	—	115.33
	设备	冷却塔	台	6.00	62.82	0.02	19.37
		冷水机组	台	5.00	372.08	0.02	114.73
		泵	套	14.00	37.26	0.04	11.49
		空调器	台	87.00	419.61	0.27	129.39
		风机	台	68.00	36.00	0.21	11.10
		小计	—	—	927.77	—	286.08

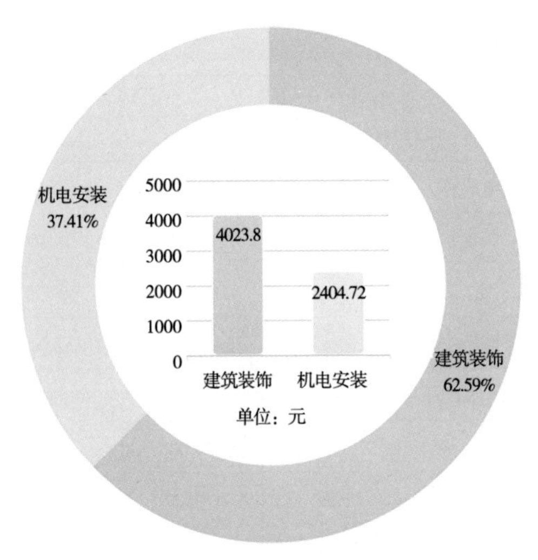

图 1-4-4　专业造价对比

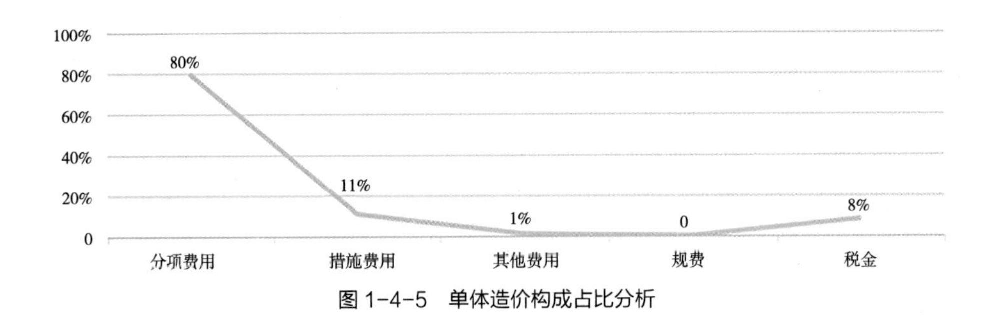

图 1-4-5　单体造价构成占比分析

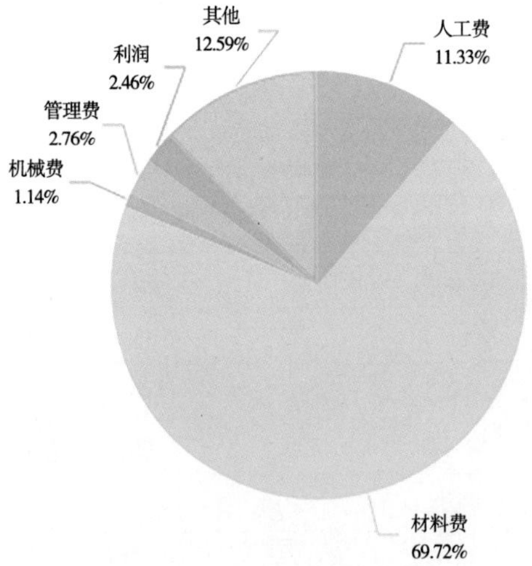

其他
12.59%
人工费
11.33%
利润
2.46%
管理费
2.76%
机械费
1.14%
材料费
69.72%

图 1-4-6　工程费用造价占比

某文化中心工程（5层）

工程概况表

表 1-4-9

<table>
<tr><td colspan="2" rowspan="2">计价时期</td><td>年份</td><td>2017</td><td rowspan="2">计价地区</td><td>省份</td><td>广东</td><td>建设类型</td><td colspan="2">新建</td></tr>
<tr><td>月份</td><td>3</td><td>城市</td><td>广州</td><td>工程造价（万元）</td><td colspan="2">21216.54</td></tr>
<tr><td colspan="2">专业类别</td><td colspan="2">房建工程</td><td>工程类别</td><td colspan="2">文化建筑</td><td rowspan="2">计价依据</td><td>清单</td><td>2013</td></tr>
<tr><td colspan="2">计税模式</td><td colspan="2">增值税</td><td>建筑物类型</td><td colspan="2">博物馆</td><td>定额</td><td>2010</td></tr>
<tr><td colspan="2" rowspan="2">建筑面积（m²）</td><td>± 0.00 以下</td><td>23932.00</td><td rowspan="2">高度（m）</td><td>± 0.00 以下</td><td>4.60</td><td rowspan="2">层数</td><td>± 0.00 以下</td><td>1</td></tr>
<tr><td>± 0.00 以上</td><td>16951.00</td><td>± 0.00 以上</td><td>35.50</td><td>± 0.00 以上</td><td>5</td></tr>
<tr><td rowspan="9">建筑装饰工程</td><td>基础</td><td colspan="8">φ500mm 预制钢筋混凝土管桩</td></tr>
<tr><td>结构形式</td><td colspan="8">现浇钢筋混凝土结构</td></tr>
<tr><td>砌体 / 隔墙</td><td colspan="8">加气混凝土砌块、空心砌块、灰砂砖</td></tr>
<tr><td>屋面工程</td><td colspan="8">高分子防水卷材、聚合物水泥防水涂料、高分子防水涂料</td></tr>
<tr><td>楼地面</td><td colspan="8">地毯楼地面、环氧树脂自流平楼地面、花岗石楼地面、大理石楼地面、陶瓷砖、防滑砖、地胶板、实木地板</td></tr>
<tr><td>天棚</td><td colspan="8">石膏板吊顶、10mm 水泥纤维吸声板吊顶、10mm 硅酸钙板吊顶、12mm 玻镁板吊顶、1.2mm 吸声铝板吊顶、铝合金格栅吊顶</td></tr>
<tr><td>内墙面</td><td colspan="8">12mm 玻镁板、吸声板、300mm × 600mm 墙砖、花岗石材墙面、10mm 水泥纤维吸声板墙面</td></tr>
<tr><td>外墙面</td><td colspan="8">铺贴仿古砖</td></tr>
<tr><td>门窗</td><td colspan="8">木质门、钢质防火门、木格栅窗、表面仿木铝塑共挤门、金属防火窗（8mm 防火贴单向透视膜玻璃）、铝合金百叶窗</td></tr>
<tr><td rowspan="6">机电安装工程</td><td>电气</td><td colspan="8">配电箱 449 台</td></tr>
<tr><td>给排水</td><td colspan="8">冷热水系统：不锈钢管；排水系统：U-PVC 管</td></tr>
<tr><td>通风空调</td><td colspan="8">薄型风管天井式室内机 212 台、多联分体式空调室外机 22 台、高温消防轴流风机 13 台</td></tr>
<tr><td>智能化</td><td colspan="8">综合布线系统</td></tr>
<tr><td>消防</td><td colspan="8">喷淋系统、气体灭火系统、火灾自动报警系统、消火栓系统</td></tr>
<tr><td>泛光照明</td><td colspan="8">矿物绝缘电缆 BBTRZ-3 × 2.5mm²、铜芯电力电缆、镀锌钢管</td></tr>
</table>

工程造价指标分析表

表 1-4-10

建筑面积：40883.00m²　　经济指标：5189.58元/m²

<table>
<tr><td colspan="3">专业</td><td>工程造价（万元）</td><td>造价比例</td><td>经济指标（元 /m²）</td></tr>
<tr><td colspan="3">建筑装饰工程</td><td>16879.67</td><td>79.56%</td><td>4128.78</td></tr>
<tr><td colspan="3">机电安装工程</td><td>4238.15</td><td>19.98%</td><td>1036.65</td></tr>
<tr><td colspan="3">人防工程</td><td>98.72</td><td>0.46%</td><td>24.15</td></tr>
<tr><td rowspan="5">其中</td><td rowspan="2">建筑装饰工程</td><td>建筑</td><td>13658.34</td><td>64.38%</td><td>3340.84</td></tr>
<tr><td>装修</td><td>3221.33</td><td>15.18%</td><td>787.94</td></tr>
<tr><td rowspan="3">机电安装工程</td><td>电气</td><td>1479.37</td><td>6.97%</td><td>361.85</td></tr>
<tr><td>通风空调</td><td>1297.46</td><td>6.11%</td><td>317.36</td></tr>
<tr><td>给排水</td><td>326.03</td><td>1.54%</td><td>79.75</td></tr>
</table>

续表

专业			工程造价（万元）	造价比例	经济指标（元/m²）
其中	机电安装工程	消防	894.84	4.22%	218.87
		智能化	120.56	0.57%	29.49
		措施、其他费用	16.83	0.08%	4.12
		泛光照明	103.06	0.49%	25.21
	人防工程	电气	65.38	0.31%	15.99
		给排水	2.80	0.01%	0.69
		暖通	30.54	0.14%	7.47

土建造价含量表 **表 1-4-11**

指标类型				造价含量
混凝土	主体	柱	含量（m³/m²）	0.06
			价格（元/m³）	598.03
		梁、板	含量（m³/m²）	0.39
			价格（元/m³）	509.23
		墙	含量（m³/m²）	0.12
			价格（元/m³）	565.82
		含量小计		0.57
	基础	独立基础	含量（m³/m²）	0.00
			价格（元/m³）	535.02
		其他基础	含量（m³/m²）	0.36
			价格（元/m³）	508.40
		含量小计		0.36
	其他	其他混凝土	含量（m³/m²）	0.04
			价格（元/m³）	619.74
		含量小计		0.04
	含量合计			0.97
钢筋	钢筋	钢筋	含量（kg/m²）	150.04
			价格（元/t）	4738.42
		含量小计		150.04
	含量合计			150.04
模板	主体	柱	含量（m²/m²）	0.30
			价格（元/m²）	90.33
		梁、板	含量（m²/m²）	2.03
			价格（元/m²）	84.41
		墙	含量（m²/m²）	0.41
			价格（元/m²）	49.31
		含量小计		2.74
	基础	其他基础	含量（m²/m²）	0.02
			价格（元/m²）	33.71
		含量小计		0.02
	其他	其他模板	含量（m²/m²）	0.35
			价格（元/m²）	120.35
		含量小计		0.35
	含量合计			3.11

机电造价含量表 表 1-4-12

专业	部位	系统	单位	总工程量	总价（万元）	百方含量	单方造价（元）
消防	消防报警末端	广播	个	464.00	8.58	1.13	2.10
		模块	个	637.00	25.27	1.56	6.18
		温感、烟感	个	1409.00	47.21	3.45	11.55
		小计	—	—	81.06	—	19.83
	消防水	喷头	个	5125.00	68.46	12.54	16.75
		消火栓箱	套	225.00	42.80	0.55	10.47
		小计	—	—	111.26	—	27.22
	消防电设备	报警主机	台	5.00	9.03	0.01	2.21
		电源	套	1.00	0.57	0.00	0.14
		小计	—	—	9.60	—	2.35
电气	管线	母线	m	126.00	2.90	0.31	0.71
		电线管	m	34179.36	75.38	83.60	18.44
		电线	m	103019.85	40.00	251.99	9.78
		电缆	m	54809.55	404.24	134.06	98.88
		线槽、桥架	m	5612.93	91.73	13.73	22.44
		小计	—	—	614.25	—	150.25
	终端	开关插座	个	2873.00	13.28	7.03	3.25
		泛光照明灯具	套	5850.48	100.05	14.31	24.47
		小计	—	—	113.33	—	27.72
	设备	配电箱	台	449.00	190.44	1.10	46.58
		高低压配电柜	台	9.00	6.84	0.02	1.67
		小计	—	—	197.28	—	48.25
给排水	末端	洁具、地漏	组	832.00	36.63	2.04	8.96
		小计	—	—	36.63	—	8.96
	管线	水管	m	10080.79	171.12	24.66	41.86
		阀门	个	457.00	37.42	1.12	9.15
		小计	—	—	208.54	—	51.01
	设备	水箱	台	2.00	4.55	0.00	1.11
		泵	套	78.00	54.18	0.19	13.25
		小计	—	—	58.73	—	14.36
通风空调	保温	风阀	个	743.00	48.64	1.82	11.90
		小计	—	—	48.64	—	11.90
	末端	风口	个	1553.00	41.52	3.80	10.16
		小计	—	—	41.52	—	10.16
	管线	风管	m^2	12628.86	288.82	30.89	70.65
		小计	—	—	288.82	—	70.65
	设备	泵	套	14.00	23.70	0.03	5.80
		空调器	台	433.00	340.53	1.06	83.29
		风机	台	99.00	109.73	0.24	26.84
		小计	—	—	473.96	—	115.93

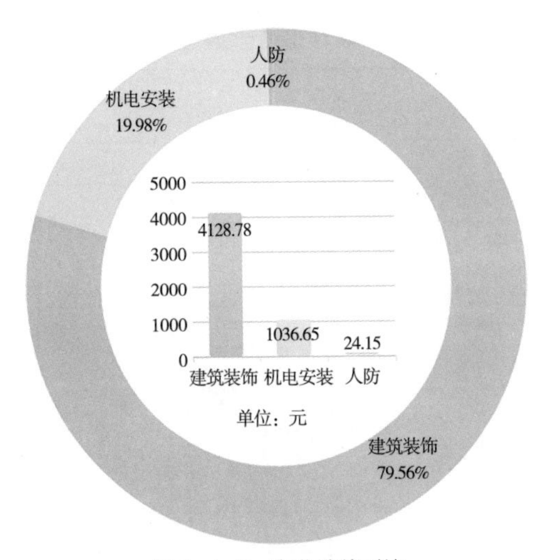

图 1-4-7　专业造价对比

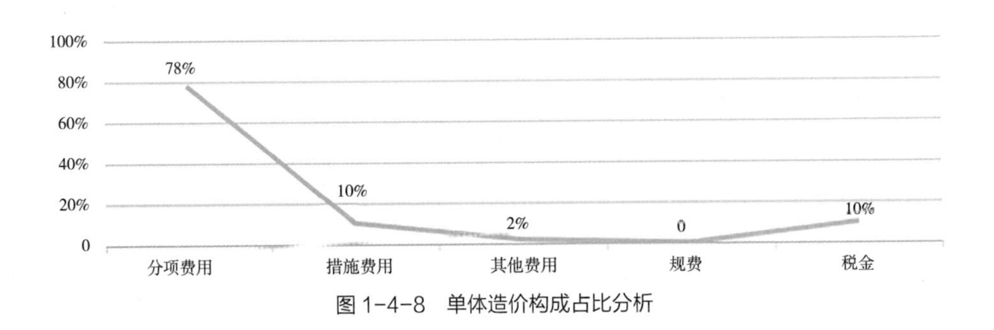

图 1-4-8　单体造价构成占比分析

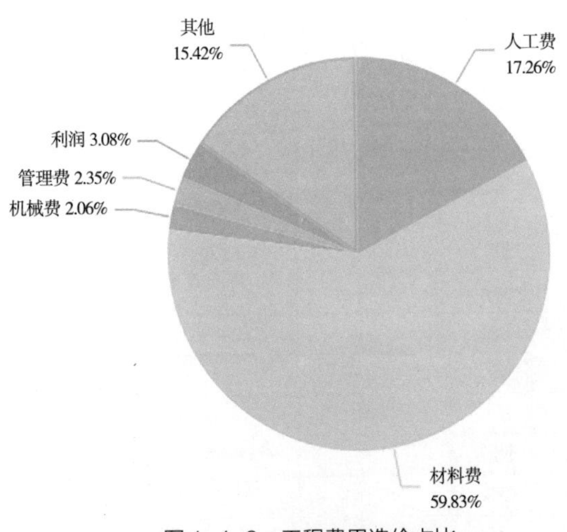

图 1-4-9　工程费用造价占比

某艺术展览中心工程（9层）

工程概况表 表 1-4-13

<table>
<tr><td rowspan="2">计价时期</td><td>年份</td><td>2019</td><td rowspan="2">计价地区</td><td>省份</td><td>广东</td><td>建设类型</td><td colspan="2">新建</td></tr>
<tr><td>月份</td><td>4</td><td>城市</td><td>广州</td><td>工程造价（万元）</td><td colspan="2">6918.55</td></tr>
<tr><td>专业类别</td><td colspan="2">房建工程</td><td>工程类别</td><td colspan="2">文化建筑</td><td rowspan="2">计价依据</td><td>清单</td><td>2013</td></tr>
<tr><td>计税模式</td><td colspan="2">增值税</td><td>建筑物类型</td><td colspan="2">艺术展览用房</td><td>定额</td><td>2018</td></tr>
<tr><td rowspan="2">建筑面积（m²）</td><td>±0.00 以下</td><td>0</td><td rowspan="2">高度（m）</td><td>±0.00 以下</td><td>0</td><td rowspan="2">层数</td><td>±0.00 以下</td><td>0</td></tr>
<tr><td>±0.00 以上</td><td>21006.20</td><td>±0.00 以上</td><td>44.00</td><td>±0.00 以上</td><td>9</td></tr>
<tr><td rowspan="8">建筑装饰工程</td><td>结构形式</td><td colspan="7">现浇钢筋混凝土结构</td></tr>
<tr><td>砌体 / 隔墙</td><td colspan="7">加气混凝土砌块</td></tr>
<tr><td>屋面工程</td><td colspan="7">高聚物改性沥青防水卷材、聚苯乙烯泡沫保温板</td></tr>
<tr><td>楼地面</td><td colspan="7">600mm×600mm 防滑砖、600mm×600mm 亚光面砖、600mm×600mm 花岗石楼地面、水磨石楼地面、实木地板</td></tr>
<tr><td>天棚</td><td colspan="7">铝扣板吊顶、矿棉板吊顶</td></tr>
<tr><td>内墙面</td><td colspan="7">300mm×600mm 墙砖、不锈钢装饰板墙面、岩棉吸声板墙面</td></tr>
<tr><td>外墙面</td><td colspan="7">45mm×90mm 白色带条纹砖、60mm×240mm 劈开砖、玻璃幕墙（6Low-E+12A+6mm 双钢化中空玻璃）</td></tr>
<tr><td>门窗</td><td colspan="7">钢质防火门、铝合金门窗（钢化中空玻璃）、木质门</td></tr>
<tr><td rowspan="6">机电安装工程</td><td>电气</td><td colspan="7">配电箱 197 台</td></tr>
<tr><td>给排水</td><td colspan="7">冷热水系统：不锈钢管、PPR 管；排水系统：U-PVC 管</td></tr>
<tr><td>通风空调</td><td colspan="7">风管式多联式空调机 187 台、整体式空气处理机 2 台、多联式空调机室外机组 13 台</td></tr>
<tr><td>智能化</td><td colspan="7">综合布线系统</td></tr>
<tr><td>电梯</td><td colspan="7">消防电梯 1 台、客梯 3 台</td></tr>
<tr><td>消防</td><td colspan="7">消火栓系统、喷淋系统、防火门监控系统、余压监控系统</td></tr>
</table>

工程造价指标分析表 表 1-4-14

建筑面积：21006.20m² 经济指标：3293.57元/m²

<table>
<tr><td colspan="3">专业</td><td>工程造价（万元）</td><td>造价比例</td><td>经济指标（元/m²）</td></tr>
<tr><td colspan="3">建筑装饰工程</td><td>5133.31</td><td>74.20%</td><td>2443.71</td></tr>
<tr><td colspan="3">机电安装工程</td><td>1785.24</td><td>25.80%</td><td>849.86</td></tr>
<tr><td rowspan="2">其中</td><td rowspan="2">建筑装饰工程</td><td>建筑</td><td>3548.64</td><td>51.29%</td><td>1689.33</td></tr>
<tr><td>装修</td><td>1584.67</td><td>22.91%</td><td>754.38</td></tr>
</table>

续表

专业			工程造价（万元）	造价比例	经济指标（元/m^2）
其中	机电安装工程	电气	497.91	7.20%	237.03
		通风空调	625.62	9.04%	297.83
		给排水	171.44	2.48%	81.61
		消防	320.18	4.63%	152.42
		电梯	97.98	1.41%	46.64
		智能化	72.11	1.04%	34.33

土建造价含量表 **表 1-4-15**

指标类型				造价含量
混凝土	主体	柱	含量（m^3/m^2）	0.20
			价格（元/m^3）	806.91
		梁、板	含量（m^3/m^2）	0.30
			价格（元/m^3）	683.27
		墙	含量（m^3/m^2）	0.01
			价格（元/m^3）	703.99
		含量小计		0.51
	基础	承台	含量（m^3/m^2）	0.03
			价格（元/m^3）	689.35
		含量小计		0.03
	其他	其他混凝土	含量（m^3/m^2）	0.02
			价格（元/m^3）	747.13
		含量小计		0.02
	含量合计			0.56
钢筋	钢筋	钢筋	含量（kg/m^2）	65.37
			价格（元/t）	5278.00
		含量小计		65.37
	含量合计			65.37
模板	主体	柱	含量（m^2/m^2）	0.39
			价格（元/m^2）	57.68
		梁、板	含量（m^2/m^2）	1.80
			价格（元/m^2）	70.41
		墙	含量（m^2/m^2）	0.01
			价格（元/m^2）	46.20
		含量小计		2.20
	其他	其他模板	含量（m^2/m^2）	0.59
			价格（元/m^2）	25.37
		含量小计		0.59
	含量合计			2.79

机电造价含量表　　　　表 1–4–16

专业	部位	系统	单位	总工程量	总价（万元）	百方含量	单方造价（元）
消防	消防报警末端	广播	个	105.00	1.21	0.50	0.58
		模块	个	176.00	5.94	0.84	2.83
		温感、烟感	个	425.00	7.35	2.02	3.50
		小计	—	—	14.50	—	6.91
	消防水	喷头	个	2764.00	21.49	13.16	10.23
		泵	套	4.00	6.54	0.02	3.11
		消火栓箱	套	77.00	13.05	0.37	6.21
		小计	—	—	41.08	—	19.55
	消防电设备	广播主机	台	1.00	0.31	0.00	0.15
		报警主机	台	2.00	2.88	0.01	1.37
		小计	—	—	3.19	—	1.52
电气	管线	母线	m	45.34	8.17	0.22	3.89
		电线管	m	22553.16	46.92	107.36	22.33
		电线	m	61241.09	26.82	291.54	12.77
		电缆	m	13858.63	282.61	65.97	134.54
		线槽、桥架	m	1381.67	24.08	6.58	11.46
		小计	—	—	388.60	—	184.99
	终端	开关插座	个	846.00	8.84	4.03	4.21
		泛光照明灯具	套	1903.00	28.58	9.06	13.60
		小计	—	—	37.42	—	17.81
	设备	配电箱	台	197.00	34.40	0.94	16.38
		小计	—	—	34.40	—	16.38
给排水	末端	洁具、地漏	组	480.00	16.73	2.29	7.96
		小计	—	—	16.73	—	7.96
	管线	水管	m	11940.86	107.87	56.84	51.35
		阀门	个	160.00	11.44	0.76	5.45
		小计	—	—	119.31	—	56.80
	设备	泵	套	2.00	2.61	0.01	1.24
		小计	—	—	2.61	—	1.24
通风空调	保温	风阀	个	516.00	16.22	2.46	7.72
		小计	—	—	16.22	—	7.72
	末端	风口	个	828.00	22.01	3.94	10.48
		小计	—	—	22.01	—	10.48
	管线	风管	m^2	2407.33	51.64	11.46	24.58
		小计	—	—	51.64	—	24.58
	设备	冷水机组	台	1.00	54.05	0.00	25.73
		泵	套	1.00	0.56	0.00	0.27
		空调器	台	209.00	252.02	0.99	119.97
		风机	台	42.00	27.56	0.20	13.12
		小计	—	—	334.19	—	159.09

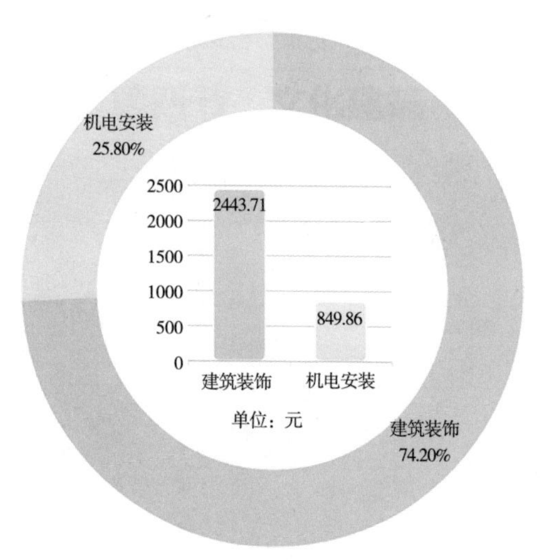

图 1-4-10　专业造价对比

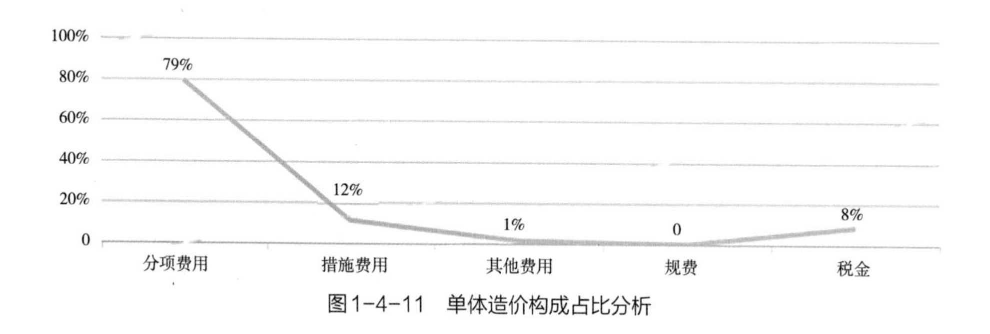

图 1-4-11　单体造价构成占比分析

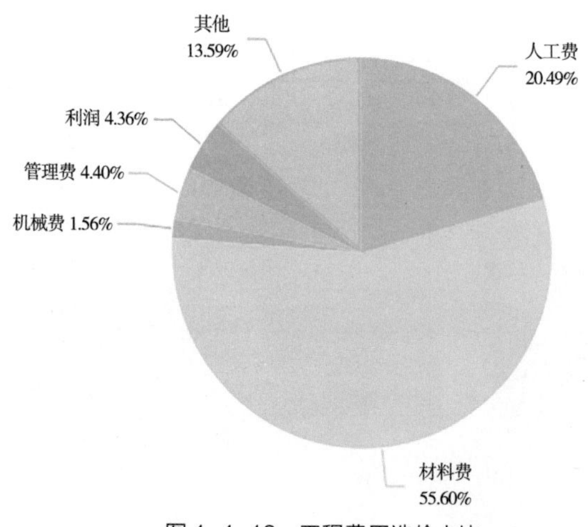

图 1-4-12　工程费用造价占比

第五节　教育建筑

某幼儿园教学楼工程（4 层）

工程概况表　　　　表 1-5-1

<table>
<tr><td colspan="2" rowspan="2">计价时期</td><td>年份</td><td>2020</td><td rowspan="2">计价地区</td><td>省份</td><td>广东</td><td>建设类型</td><td colspan="2">新建</td></tr>
<tr><td>月份</td><td>10</td><td>城市</td><td>珠海</td><td>工程造价（万元）</td><td colspan="2">3555.69</td></tr>
<tr><td colspan="2">专业类别</td><td colspan="2">房建工程</td><td>工程类别</td><td colspan="2">教育建筑</td><td rowspan="2">计价依据</td><td>清单</td><td>2013</td></tr>
<tr><td colspan="2">计税模式</td><td colspan="2">增值税</td><td>建筑物类型</td><td colspan="2">教学楼（幼儿园）</td><td>定额</td><td>2018</td></tr>
<tr><td colspan="2" rowspan="2">建筑面积（m^2）</td><td>±0.00 以下</td><td>3032.20</td><td rowspan="2">高度（m）</td><td>±0.00 以下</td><td>5.10</td><td rowspan="2">层数</td><td>±0.00 以下</td><td>1</td></tr>
<tr><td>±0.00 以上</td><td>5684.56</td><td>±0.00 以上</td><td>18.70</td><td>±0.00 以上</td><td>4</td></tr>
<tr><td rowspan="9">建筑装饰工程</td><td>基础</td><td colspan="8">ϕ500 预制钢筋混凝土管桩</td></tr>
<tr><td>结构形式</td><td colspan="8">现浇钢筋混凝土结构</td></tr>
<tr><td>砌体 / 隔墙</td><td colspan="8">蒸压加气混凝土砌块</td></tr>
<tr><td>屋面工程</td><td colspan="8">改性沥青防水卷材、橡胶沥青防水涂料、高聚物改性沥青防水卷材、聚苯乙烯泡沫保温板</td></tr>
<tr><td>楼地面</td><td colspan="8">防静电地板、复合木地板、PVC 地胶板、防滑砖</td></tr>
<tr><td>天棚</td><td colspan="8">无机涂料、穿孔吸声金属板吊顶、铝合金格栅吊顶</td></tr>
<tr><td>内墙面</td><td colspan="8">300mm × 600mm 陶瓷砖、内墙涂料、15mm 穿孔吸声复合板墙面</td></tr>
<tr><td>外墙面</td><td colspan="8">45mm × 95mm 纸皮砖、45mm × 95mm 瓷质锦砖</td></tr>
<tr><td>门窗</td><td colspan="8">钢质防火门、铝合金门（钢化中空玻璃）、铝合金窗（钢化中空玻璃）、金属纱窗、特级防火卷帘门、实木门</td></tr>
<tr><td rowspan="8">机电安装工程</td><td>电气</td><td colspan="8">配电箱 89 台、高低压配电柜 14 台</td></tr>
<tr><td>给排水</td><td colspan="8">冷水系统：钢塑复合管、PPR 管；排水系统：U–PVC 管</td></tr>
<tr><td>通风空调</td><td colspan="8">低噪声轴流风机 2 台、空调机 57 台</td></tr>
<tr><td>智能化</td><td colspan="8">人员通道门禁管理系统、停车场系统、广播系统、弱电机房工程系统、电梯五方通话系统、综合布线系统、视频监控系统、计算机网络系统</td></tr>
<tr><td>电梯</td><td colspan="8">无机房餐梯 2 台</td></tr>
<tr><td>消防</td><td colspan="8">喷淋系统、消火栓系统、可燃气体报警系统、气体灭火系统、消防设备电源监控系统、火灾自动报警及消防联动系统、电气火灾监控系统、防火门监控系统</td></tr>
<tr><td>燃气</td><td colspan="8">中低压调压器 1 台</td></tr>
<tr><td>抗震支架</td><td colspan="8">抗震支吊架</td></tr>
</table>

工程造价指标分析表　　　　表 1-5-2

建筑面积：8716.76m^2　　　　经济指标：4079.15元/m^2

<table>
<tr><td colspan="3">专业</td><td>工程造价（万元）</td><td>造价比例</td><td>经济指标（元 /m^2）</td></tr>
<tr><td colspan="3">建筑装饰工程</td><td>2804.61</td><td>78.88%</td><td>3217.49</td></tr>
<tr><td colspan="3">机电安装工程</td><td>751.08</td><td>21.12%</td><td>861.66</td></tr>
<tr><td rowspan="4">其中</td><td rowspan="2">建筑装饰工程</td><td>建筑</td><td>2317.15</td><td>65.17%</td><td>2658.27</td></tr>
<tr><td>装修</td><td>487.46</td><td>13.71%</td><td>559.22</td></tr>
<tr><td rowspan="2">机电安装工程</td><td>电气</td><td>251.13</td><td>7.06%</td><td>288.10</td></tr>
<tr><td>通风空调</td><td>99.85</td><td>2.81%</td><td>114.55</td></tr>
</table>

续表

专业			工程造价（万元）	造价比例	经济指标（元/m^2）
其中	机电安装工程	给排水	66.54	1.87%	76.34
		消防	172.41	4.85%	197.79
		电梯	15.40	0.43%	17.67
		燃气	6.59	0.19%	7.56
		智能化	122.03	3.43%	140.00
		抗震支架	16.12	0.45%	18.49
		措施、其他费用	1.01	0.03%	1.16

土建造价含量表 表 1-5-3

指标类型				造价含量
混凝土	主体	柱	含量（m^3/m^2）	0.06
			价格（元/m^3）	891.89
		梁、板	含量（m^3/m^2）	0.28
			价格（元/m^3）	795.13
		墙	含量（m^3/m^2）	0.07
			价格（元/m^3）	832.19
		含量小计		0.41
	基础	承台	含量（m^3/m^2）	0.03
			价格（元/m^3）	808.35
		其他基础	含量（m^3/m^2）	0.17
			价格（元/m^3）	809.71
		含量小计		0.20
	其他	其他混凝土	含量（m^3/m^2）	0.02
			价格（元/m^3）	841.23
		含量小计		0.02
	含量合计			0.63
钢筋	钢筋	钢筋	含量（kg/m^2）	105.70
			价格（元/t）	5139.67
		含量小计		105.70
	含量合计			105.70
模板	主体	柱	含量（m^2/m^2）	0.29
			价格（元/m^2）	71.69
		梁、板	含量（m^2/m^2）	1.73
			价格（元/m^2）	78.88
		墙	含量（m^2/m^2）	0.48
			价格（元/m^2）	50.53
		含量小计		2.50
	基础	其他基础	含量（m^2/m^2）	0.02
			价格（元/m^2）	210.95
		含量小计		0.02
	其他	其他模板	含量（m^2/m^2）	0.57
			价格（元/m^2）	58.45
		含量小计		0.57
	含量合计			3.09

机电造价含量表 表 1-5-4

专业	部位	系统	单位	总工程量	总价（万元）	百方含量	单方造价（元）
消防	消防报警末端	广播	个	33.00	0.24	0.38	0.27
		模块	个	79.00	1.85	0.91	2.12
		温感、烟感	个	351.00	4.47	4.03	5.12
		小计	—	—	6.56	—	7.51
	消防水	喷头	个	918.00	3.74	10.53	4.29
		泵	套	6.00	9.84	0.07	11.29
		消火栓箱	套	42.00	4.94	0.48	5.67
		小计	—	—	18.52	—	21.25
	消防电设备	报警主机	台	8.00	6.75	0.09	7.75
		小计	—	—	6.75	—	7.75
电气	管线	电线管	m	12443.73	19.21	142.76	22.04
		电线	m	40859.84	23.93	468.75	27.46
		电缆	m	3721.71	65.24	42.70	74.85
		线槽、桥架	m	966.55	9.91	11.09	11.37
		小计	—	—	118.29	—	135.72
	终端	开关插座	个	426.00	1.58	4.89	1.82
		泛光照明灯具	套	1023.00	17.40	11.74	19.96
		小计	—	—	18.98	—	21.78
	设备	配电箱	台	89.00	20.11	1.02	23.07
		高低压配电柜	台	14.00	52.10	0.16	59.77
		小计	—	—	72.21	—	82.84
给排水	末端	洁具、地漏	组	357.00	20.16	4.10	23.12
		小计	—	—	20.16	—	23.12
	管线	水管	m	2996.85	19.90	34.38	22.83
		阀门	个	151.00	7.07	1.73	8.11
		小计	—	—	26.97	—	30.94
	设备	水箱	台	1.00	2.31	0.01	2.65
		泵	套	13.00	5.92	0.15	6.79
		小计	—	—	8.23	—	9.44
通风空调	保温	风阀	个	77.00	2.88	0.88	3.30
		小计	—	—	2.88	—	3.30
	管线	风管	m^2	798.18	12.97	9.16	14.88
		小计	—	—	12.97	—	14.88
	设备	空调器	台	57.00	53.84	0.65	61.77
		风机	台	9.00	10.67	0.10	12.24
		小计	—	—	64.51	—	74.01

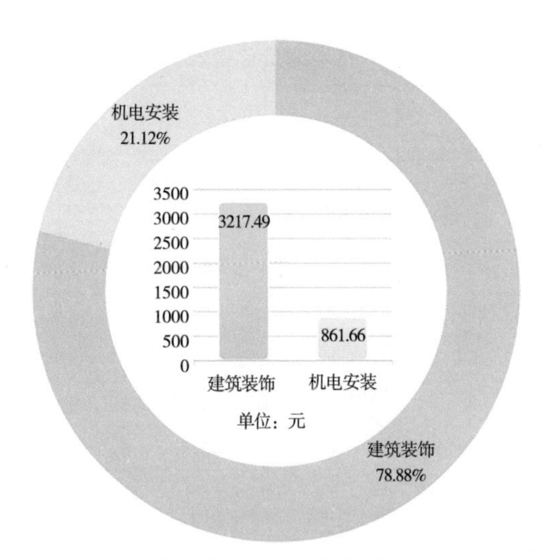

图 1-5-1　专业造价对比

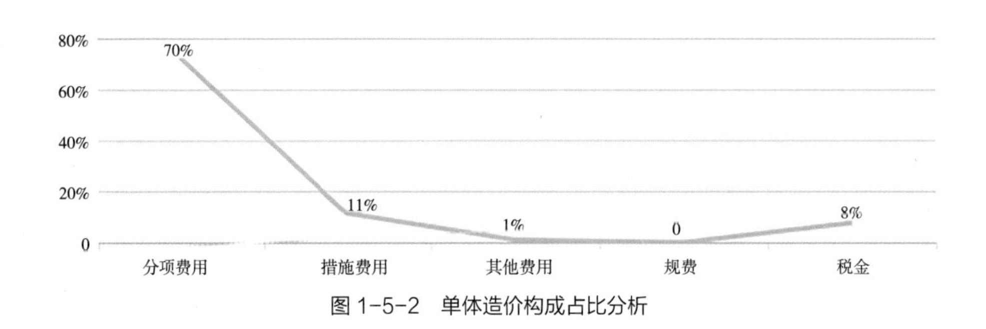

图 1-5-2　单体造价构成占比分析

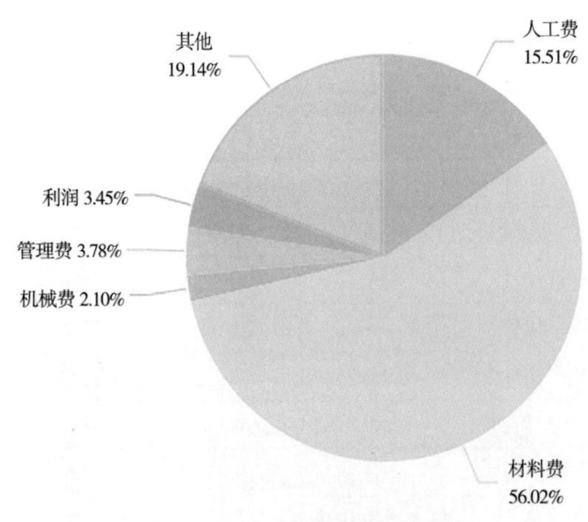

图 1-5-3　工程费用造价占比

某小学教学楼工程（4层）

工程概况表 表 1-5-5

计价时期	年份	2018	计价地区	省份	广东	建设类型	新建	
	月份	8		城市	广州	工程造价（万元）	1162.21	
专业类别	房建工程		工程类别	教育建筑		计价依据	清单	2013
计税模式	增值税		建筑物类型	教学楼			定额	2010
建筑面积（m²）	±0.00以下	0	高度（m）	±0.00以下	0	层数	±0.00以下	0
	±0.00以上	4296.32		±0.00以上	23.40		±0.00以上	4
建筑装饰工程	基础	ϕ400预制钢筋混凝土管桩						
	结构形式	现浇钢筋混凝土结构						
	砌体/隔墙	蒸压加汽混凝土砌块						
	屋面工程	憎水膨胀珍珠岩、聚苯乙烯泡沫保温板						
	楼地面	水磨石楼地面、PVC地胶板、防滑耐磨砖						
	天棚	乳胶漆						
	内墙面	乳胶漆、陶瓷砖、石膏板墙面						
	外墙面	陶瓷砖						
	门窗	不锈钢门、钢质防火门、铝合金窗（6mm钢化玻璃）、塑钢门						
机电安装工程	电气	配电箱17台、柴油发电机组1台						
	给排水	冷水系统：不锈钢管、钢丝网骨架塑料（PE）复合管；排水系统：镀锌钢管、HDPE管、U-PVC管、HDPE双壁波纹管						
	通风空调	轴流风机2台、通风器32台						
	智能化	综合布线系统、广播系统、有线电视系统、视频监控系统						
	电梯	电梯2部						
	消防	消火栓系统、气体灭火系统						

工程造价指标分析表 表 1-5-6

建筑面积：4296.32m² 经济指标：2705.13元/m²

专业			工程造价（万元）	造价比例	经济指标（元/m²）
建筑装饰工程			1007.59	86.70%	2345.24
机电安装工程			154.62	13.30%	359.89
其中	建筑装饰工程	建筑	809.11	69.62%	1883.26
		装修	198.48	17.08%	461.98
	机电安装工程	电气	80.57	6.93%	187.53
		通风空调	3.12	0.27%	7.26

续表

专业			工程造价（万元）	造价比例	经济指标（元/m^2）
其中	机电安装工程	给排水	47.01	4.04%	109.42
		消防	7.92	0.68%	18.44
		智能化	16.00	1.38%	37.24

土建造价含量表 **表 1-5-7**

指标类型				造价含量
混凝土	主体	柱	含量（m^3/m^2）	0.06
			价格（元/m^3）	578.29
		梁、板	含量（m^3/m^2）	0.26
			价格（元/m^3）	530.90
		墙	含量（m^3/m^2）	0.02
			价格（元/m^3）	578.23
		含量小计		0.34
	基础	承台	含量（m^3/m^2）	0.03
			价格（元/m^3）	546.78
		其他基础	含量（m^3/m^2）	0.03
			价格（元/m^3）	520.26
		含量小计		0.06
	其他	其他混凝土	含量（m^3/m^2）	0.01
			价格（元/m^3）	578.84
		含量小计		0.01
	含量合计			0.41
钢筋	钢筋	钢筋	含量（kg/m^2）	63.73
			价格（元/t）	5454.39
		含量小计		63.73
	含量合计			63.73
模板	主体	柱	含量（m^2/m^2）	0.37
			价格（元/m^2）	63.59
		梁、板	含量（m^2/m^2）	2.15
			价格（元/m^2）	70.63
		墙	含量（m^2/m^2）	0.18
			价格（元/m^2）	40.13
		含量小计		2.70
	基础	其他基础	含量（m^2/m^2）	0.04
			价格（元/m^2）	34.07
		含量小计		0.04

续表

指标类型				造价含量
模板	其他	其他模板	含量（m^2/m^2）	0.51
			价格（元/m^2）	74.48
		含量小计		0.51
	含量合计			3.25

机电造价含量表　　表 1-5-8

专业	部位	系统	单位	总工程量	总价（万元）	百方含量	单方造价（元）
消防	消防水	消火栓箱	套	21.00	2.40	0.49	5.58
		小计	—	—	2.40	—	5.58
电气	管线	电线管	m	6851.09	9.17	159.46	21.35
		电线	m	24053.38	12.82	559.86	29.84
		电缆	m	1943.15	26.77	45.23	62.31
		线槽、桥架	m	327.88	2.84	7.63	6.60
		小计	—	—	51.60	—	120.10
	终端	开关插座	个	614.00	4.04	14.29	9.41
		泛光照明灯具	套	408.00	8.18	9.50	19.04
		小计	—	—	12.22	—	28.45
	设备	配电箱	台	17.00	5.91	0.40	13.75
		小计	—	—	5.91	—	13.75
给排水	末端	洁具、地漏	组	186.00	7.53	4.33	17.52
		小计	—	—	7.53	—	17.52
	管线	水管	m	1433.20	9.97	33.36	23.20
		阀门	个	65.00	3.22	1.51	7.50
		小计	—	—	13.19	—	30.70
	设备	泵	套	4.00	4.02	0.09	9.36
		小计	—	—	4.02	—	9.36
通风空调	末端	风口	个	15.00	0.24	0.35	0.56
		小计	—	—	0.24	—	0.56
	管线	风管	m^2	79.48	1.33	1.85	3.10
		小计	—	—	1.33	—	3.10
	设备	风机	台	2.00	0.19	0.05	0.43
		小计	—	—	0.19	—	0.43

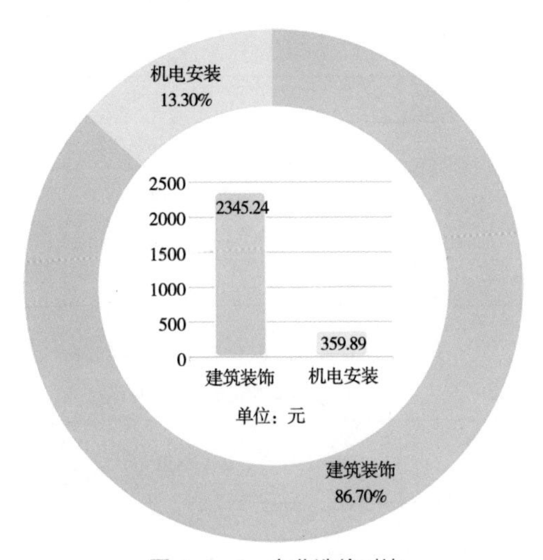

图 1-5-4　专业造价对比

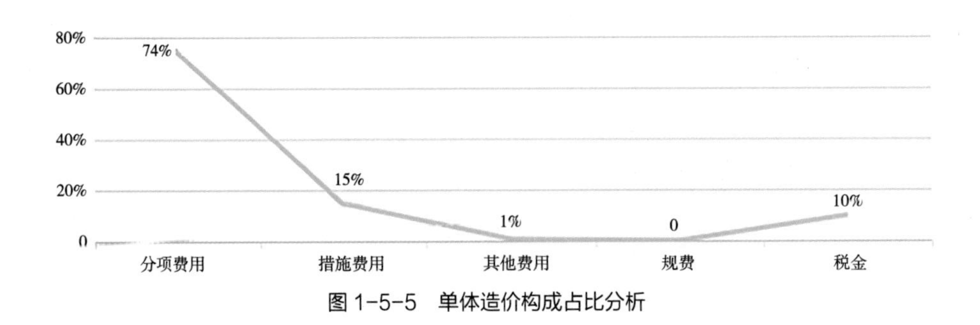

图 1-5-5　单体造价构成占比分析

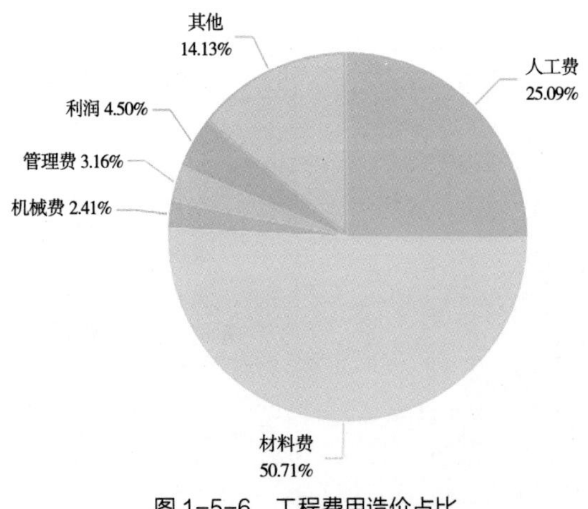

图 1-5-6　工程费用造价占比

某小学教学楼工程（5层）

工程概况表

表 1-5-9

<table>
<tr><td rowspan="2" colspan="2">计价时期</td><td>年份</td><td>2019</td><td rowspan="2">计价地区</td><td>省份</td><td>广东</td><td>建设类型</td><td colspan="2">新建</td></tr>
<tr><td>月份</td><td>8</td><td>城市</td><td>广州</td><td>工程造价（万元）</td><td colspan="2">3426.22</td></tr>
<tr><td colspan="2">专业类别</td><td colspan="2">房建工程</td><td>工程类别</td><td colspan="2">教育建筑</td><td rowspan="2">计价依据</td><td>清单</td><td>2013</td></tr>
<tr><td colspan="2">计税模式</td><td colspan="2">增值税</td><td>建筑物类型</td><td colspan="2">教学楼</td><td>定额</td><td>2010</td></tr>
<tr><td rowspan="2" colspan="2">建筑面积（m²）</td><td>±0.00 以下</td><td>1879.70</td><td rowspan="2">高度（m）</td><td>±0.00 以下</td><td>4.20</td><td rowspan="2">层数</td><td>±0.00 以下</td><td>1</td></tr>
<tr><td>±0.00 以上</td><td>9406.00</td><td>±0.00 以上</td><td>22.70</td><td>±0.00 以上</td><td>5</td></tr>
<tr><td rowspan="9">建筑装饰工程</td><td>基础</td><td colspan="8">φ400 预制钢筋混凝土管桩</td></tr>
<tr><td>结构形式</td><td colspan="8">现浇钢筋混凝土结构</td></tr>
<tr><td>砌体 / 隔墙</td><td colspan="8">蒸压加气混凝土砌块</td></tr>
<tr><td>屋面工程</td><td colspan="8">高分子防水卷材、聚苯乙烯泡沫保温板、100mm×100mm 广场砖、铝合金格栅</td></tr>
<tr><td>楼地面</td><td colspan="8">600mm×600mm 仿古防滑砖、防滑耐磨砖、复合木地板、400mm×400mm 防滑砖、600mm×100mm 抛光砖</td></tr>
<tr><td>天棚</td><td colspan="8">铝扣板吊顶、埃特板吊顶、喷防霉涂料、玻璃天棚（6+1.14PVB+6mm 钢化夹胶玻璃）</td></tr>
<tr><td>内墙面</td><td colspan="8">穿孔吸声复合板、防霉涂料、300mm×600mm 陶瓷砖、300mm×600mm 抛光砖、8mm 钢化玻璃墙面（舞蹈室）</td></tr>
<tr><td>外墙面</td><td colspan="8">50mm×50mm 仿石砖、陶土板、铝合金格栅</td></tr>
<tr><td>门窗</td><td colspan="8">钢质防火门、铝合金门窗、钢板复合门</td></tr>
<tr><td rowspan="6">机电安装工程</td><td>电气</td><td colspan="8">配电箱 116 台、低压开关柜 7 台</td></tr>
<tr><td>给排水</td><td colspan="8">冷热水系统：衬塑镀锌钢管、PPR 管；排水系统：U-PVC 管</td></tr>
<tr><td>通风空调</td><td colspan="8">多联式空调室外机 2 组、风管式室内机 12 组</td></tr>
<tr><td>智能化</td><td colspan="8">有线电视系统、公共广播系统、电铃系统、综合布线系统、视频监控系统</td></tr>
<tr><td>电梯</td><td colspan="8">电梯 1 部</td></tr>
<tr><td>消防</td><td colspan="8">消火栓系统</td></tr>
</table>

工程造价指标分析表

表 1-5-10

建筑面积：11285.70m²　　　经济指标：3035.89元/m²

<table>
<tr><td colspan="3">专业</td><td>工程造价（万元）</td><td>造价比例</td><td>经济指标（元/m²）</td></tr>
<tr><td colspan="3">建筑装饰工程</td><td>2887.77</td><td>84.28%</td><td>2558.79</td></tr>
<tr><td colspan="3">机电安装工程</td><td>538.45</td><td>15.72%</td><td>477.10</td></tr>
<tr><td rowspan="8">其中</td><td rowspan="2">建筑装饰工程</td><td>建筑</td><td>2146.84</td><td>62.66%</td><td>1902.27</td></tr>
<tr><td>装修</td><td>740.93</td><td>21.62%</td><td>656.52</td></tr>
<tr><td rowspan="6">机电安装工程</td><td>电气</td><td>260.04</td><td>7.59%</td><td>230.41</td></tr>
<tr><td>通风空调</td><td>40.81</td><td>1.19%</td><td>36.16</td></tr>
<tr><td>给排水</td><td>99.42</td><td>2.91%</td><td>88.09</td></tr>
<tr><td>消防</td><td>57.07</td><td>1.67%</td><td>50.57</td></tr>
<tr><td>电梯</td><td>24.79</td><td>0.72%</td><td>21.97</td></tr>
<tr><td>智能化</td><td>56.32</td><td>1.64%</td><td>49.90</td></tr>
</table>

土建造价含量表 表 1-5-11

指标类型				造价含量
混凝土	主体	柱	含量（m^3/m^2）	0.06
			价格（元 /m^3）	534.02
		梁、板	含量（m^3/m^2）	0.27
			价格（元 /m^3）	492.08
		墙	含量（m^3/m^2）	0.02
			价格（元 /m^3）	532.61
		含量小计		0.35
	基础	承台	含量（m^3/m^2）	0.04
			价格（元 /m^3）	505.70
		其他基础	含量（m^3/m^2）	0.09
			价格（元 /m^3）	462.62
		含量小计		0.13
	其他	其他混凝土	含量（m^3/m^2）	0.02
			价格（元 /m^3）	553.57
		含量小计		0.02
	含量合计			0.50
钢筋	钢筋	钢筋	含量（kg/m^2）	69.75
			价格（元 /t）	5318.68
		含量小计		69.75
	含量合计			69.75
模板	主体	柱	含量（m^2/m^2）	0.40
			价格（元 /m^2）	60.67
		梁、板	含量（m^2/m^2）	2.18
			价格（元 /m^2）	69.62
		墙	含量（m^2/m^2）	0.14
			价格（元 /m^2）	42.10
		含量小计		2.72
	基础	独立基础	含量（m^2/m^2）	0.11
			价格（元 /m^2）	46.98
		其他基础	含量（m^2/m^2）	0.02
			价格（元 /m^2）	28.70
		含量小计		0.13
	其他	其他模板	含量（m^2/m^2）	0.53
			价格（元 /m^2）	74.30
		含量小计		0.53
	含量合计			3.36

机电造价含量表　　表 1-5-12

专业	部位	系统	单位	总工程量	总价（万元）	百方含量	单方造价（元）
消防	消防水	消火栓箱	套	66.00	7.79	0.58	6.90
		小计	—	—	7.79	—	6.90
电气	管线	母线	m	37.07	7.70	0.33	6.83
		电线管	m	17943.48	50.30	158.99	44.57
		电线	m	62839.36	27.81	556.81	24.64
		电缆	m	3466.17	42.65	30.71	37.79
		线槽、桥架	m	798.77	7.30	7.08	6.47
		小计	—	—	135.76	—	120.30
	终端	开关插座	个	1239.00	7.13	10.98	6.32
		泛光照明灯具	套	1535.00	21.59	13.60	19.13
		小计	—	—	28.72	—	25.45
	设备	发电机	台	1.00	24.04	0.01	21.30
		配电箱	台	116.00	17.75	1.03	15.73
		高低压配电柜	台	12.00	33.63	0.11	29.80
		小计	—	—	75.42	—	66.83
给排水	末端	洁具、地漏	组	299.00	13.97	2.65	12.38
		小计	—	—	13.97	—	12.38
	管线	水管	m	4776.88	32.33	42.33	28.65
		阀门	个	440.00	10.31	3.90	9.13
		小计	—	—	42.64	—	37.78
	设备	泵	套	8.00	2.90	0.07	2.57
		小计	—	—	2.90	—	2.57
通风空调	保温	风阀	个	22.00	0.97	0.19	0.86
		小计	—	—	0.97	—	0.86
	末端	风口	个	20.00	0.63	0.18	0.56
		小计	—	—	0.63	—	0.56
	管线	风管	m^2	233.92	3.68	2.07	3.26
		小计	—	—	3.68	—	3.26
	设备	空调器	台	14.00	22.05	0.12	19.54
		风机	台	5.00	2.63	0.04	2.33
		小计	—	—	24.68	—	21.87

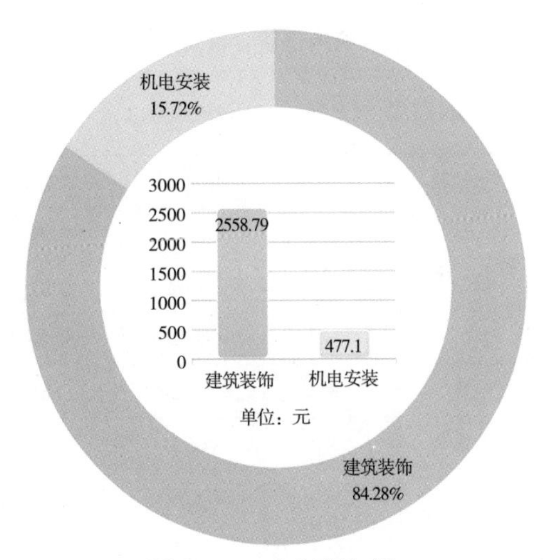

图 1-5-7　专业造价对比

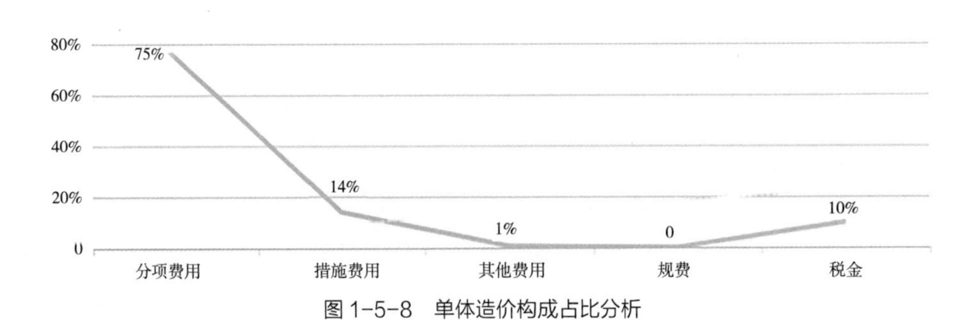

图 1-5-8　单体造价构成占比分析

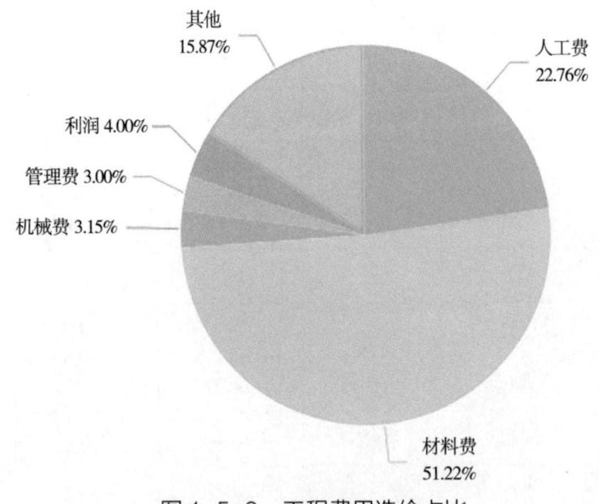

图 1-5-9　工程费用造价占比

某中学教学楼工程1（6层）

工程概况表　　　　**表 1-5-13**

<table>
<tr><td rowspan="2" colspan="2">计价时期</td><td>年份</td><td>2019</td><td rowspan="2">计价地区</td><td>省份</td><td>广东</td><td>建设类型</td><td colspan="2">新建</td></tr>
<tr><td>月份</td><td>4</td><td>城市</td><td>广州</td><td>工程造价（万元）</td><td colspan="2">7705.05</td></tr>
<tr><td colspan="2">专业类别</td><td colspan="2">房建工程</td><td>工程类别</td><td colspan="2">教育建筑</td><td rowspan="2">计价依据</td><td>清单</td><td>2013</td></tr>
<tr><td colspan="2">计税模式</td><td colspan="2">增值税</td><td>建筑物类型</td><td colspan="2">教学楼（初高中技校）</td><td>定额</td><td>2018</td></tr>
<tr><td rowspan="2" colspan="2">建筑面积（m²）</td><td>±0.00 以下</td><td>0</td><td rowspan="2">高度（m）</td><td>±0.00 以下</td><td>0</td><td rowspan="2">层数</td><td>±0.00 以下</td><td>0</td></tr>
<tr><td>±0.00 以上</td><td>27336.00</td><td>±0.00 以上</td><td>21.90</td><td>±0.00 以上</td><td>6</td></tr>
<tr><td rowspan="8">建筑装饰工程</td><td>结构形式</td><td colspan="8">现浇钢筋混凝土结构</td></tr>
<tr><td>砌体 / 隔墙</td><td colspan="8">加气混凝土砌块</td></tr>
<tr><td>屋面工程</td><td colspan="8">高聚物改性沥青防水卷材、防滑砖、高分子防水涂料</td></tr>
<tr><td>楼地面</td><td colspan="8">耐磨砖、仿古砖、防滑砖、防静电地板、600mm×600mm 亚光面砖、抛光砖、陶瓷砖</td></tr>
<tr><td>天棚</td><td colspan="8">木花格、铝扣板吊顶</td></tr>
<tr><td>内墙面</td><td colspan="8">600mm×600mm 防滑砖、600mm×600mm 亚光面砖、6mm 烤漆玻璃装饰板墙面</td></tr>
<tr><td>外墙面</td><td colspan="8">60mm×240mm 铝单板幕墙、外墙涂料</td></tr>
<tr><td>门窗</td><td colspan="8">木质门、钢质防火门、铝合金窗（钢化中空玻璃、磨砂玻璃）、金属百叶窗</td></tr>
<tr><td rowspan="6">机电安装工程</td><td>电气</td><td colspan="8">配电箱 243 台</td></tr>
<tr><td>给排水</td><td colspan="8">冷水系统：不锈钢管、PPR 管、波纹管；排水系统：镀锌钢管、U-PVC 管；中水系统：PE 管</td></tr>
<tr><td>通风空调</td><td colspan="8">风管式多联式空调室内外机组 420 台</td></tr>
<tr><td>智能化</td><td colspan="8">有线电视系统、残卫呼叫系统、空调自控系统、综合布线系统、视频监控系统</td></tr>
<tr><td>电梯</td><td colspan="8">货梯 1 部</td></tr>
<tr><td>消防</td><td colspan="8">喷淋系统、消火栓系统、火灾自动报警系统</td></tr>
</table>

工程造价指标分析表　　　　**表 1-5-14**

建筑面积：27336.00m²　　　　经济指标：2818.65元/m²

<table>
<tr><td colspan="3">专业</td><td>工程造价（万元）</td><td>造价比例</td><td>经济指标（元/m²）</td></tr>
<tr><td colspan="3">建筑装饰工程</td><td>5916.18</td><td>76.78%</td><td>2164.25</td></tr>
<tr><td colspan="3">机电安装工程</td><td>1788.87</td><td>23.22%</td><td>654.40</td></tr>
<tr><td rowspan="8">其中</td><td rowspan="2">建筑装饰工程</td><td>建筑</td><td>4141.90</td><td>53.75%</td><td>1515.19</td></tr>
<tr><td>装修</td><td>1774.28</td><td>23.03%</td><td>649.06</td></tr>
<tr><td rowspan="6">机电安装工程</td><td>电气</td><td>547.48</td><td>7.10%</td><td>200.28</td></tr>
<tr><td>通风空调</td><td>631.01</td><td>8.19%</td><td>230.83</td></tr>
<tr><td>给排水</td><td>232.27</td><td>3.01%</td><td>84.97</td></tr>
<tr><td>消防</td><td>314.02</td><td>4.08%</td><td>114.87</td></tr>
<tr><td>电梯</td><td>18.14</td><td>0.24%</td><td>6.64</td></tr>
<tr><td>智能化</td><td>45.95</td><td>0.60%</td><td>16.81</td></tr>
</table>

土建造价含量表　　　　表 1-5-15

指标类型				造价含量
混凝土	主体	柱	含量（m^3/m^2）	0.18
			价格（元 /m^3）	803.43
		梁、板	含量（m^3/m^2）	0.27
			价格（元 /m^3）	681.85
		墙	含量（m^3/m^2）	0.01
			价格（元 /m^3）	702.23
		含量小计		0.46
	基础	承台	含量（m^3/m^2）	0.03
			价格（元 /m^3）	689.35
		含量小计		0.03
	其他	其他混凝土	含量（m^3/m^2）	0.01
			价格（元 /m^3）	823.90
		含量小计		0.01
	含量合计			0.50
钢筋	钢筋	钢筋	含量（kg/m^2）	62.26
			价格（元 /t）	5189.33
		含量小计		62.26
	含量合计			62.26
模板	主体	柱	含量（m^2/m^2）	0.42
			价格（元 /m^2）	57.88
		梁、板	含量（m^2/m^2）	1.72
			价格（元 /m^2）	68.27
		墙	含量（m^2/m^2）	0.01
			价格（元 /m^2）	46.16
		含量小计		2.15
	其他	其他模板	含量（m^2/m^2）	0.48
			价格（元 /m^2）	79.52
		含量小计		0.48
	含量合计			2.63

机电造价含量表　　表 1-5-16

专业	部位	系统	单位	总工程量	总价（万元）	百方含量	单方造价（元）
消防	消防报警末端	广播	个	104.00	1.20	0.38	0.44
		模块	个	74.00	2.20	0.27	0.81
		温感、烟感	个	189.00	3.27	0.69	1.20
		小计	—	—	6.67	—	2.45
	消防水	喷头	个	4300.00	33.50	15.73	12.25
		消火栓箱	套	95.00	16.13	0.35	5.90
		小计	—	—	49.63	—	18.15
	消防电设备	广播主机	台	1.00	0.31	0.00	0.11
		报警主机	台	1.00	1.74	0.00	0.64
		小计	—	—	2.05	—	0.75
电气	管线	电线管	m	31816.46	73.64	116.39	26.94
		电线	m	134046.61	48.79	490.37	17.85
		电缆	m	20875.89	182.89	76.37	66.90
		线槽、桥架	m	2129.40	36.45	7.79	13.33
		小计	—	—	341.77	—	125.02
	终端	开关插座	个	2754.00	36.33	10.07	13.29
		泛光照明灯具	套	3901.00	63.32	14.27	23.16
		小计	—	—	99.65	—	36.45
	设备	配电箱	台	243.00	39.37	0.89	14.40
		小计	—	—	39.37	—	14.40
给排水	末端	洁具、地漏	组	1065.00	44.74	3.90	16.37
		小计	—	—	44.74	—	16.37
	管线	水管	m	19206.18	148.11	70.26	54.18
		阀门	个	331.00	24.19	1.21	8.85
		小计	—	—	172.30	—	63.03
通风空调	保温	风阀	个	607.00	6.42	2.22	2.35
		小计	—	—	6.42	—	2.35
	末端	风口	个	1881.00	36.99	6.88	13.53
		小计	—	—	36.99	—	13.53
	管线	风管	m^2	2738.36	63.92	10.02	23.38
		小计	—	—	63.92	—	23.38
	设备	空调器	台	443.00	418.58	1.62	153.12
		风机	台	90.00	26.05	0.33	9.53
		小计	—	—	444.63	—	162.65

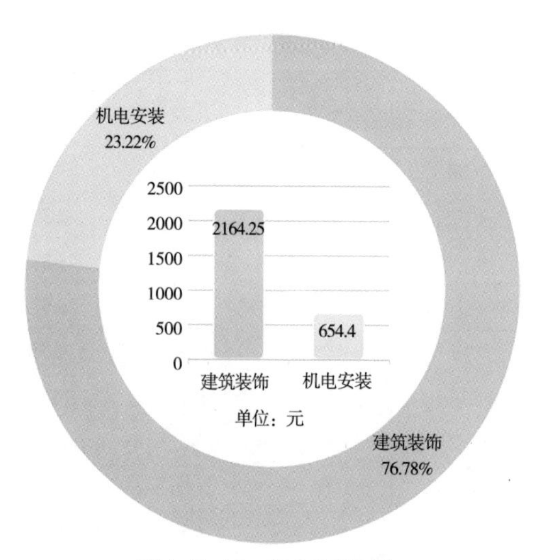

图1-5-10　专业造价对比

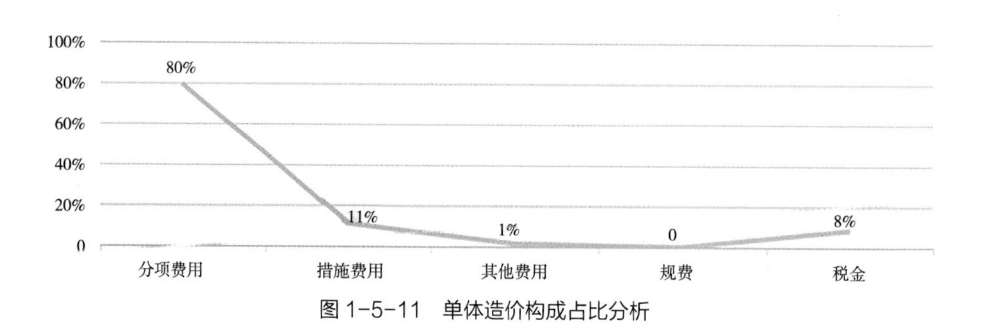

图 1-5-11　单体造价构成占比分析

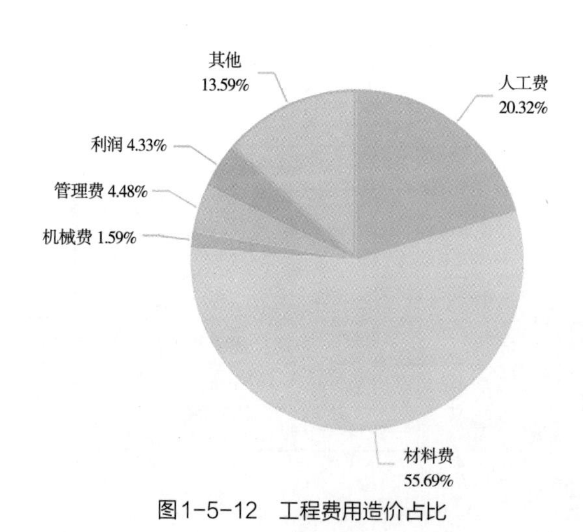

图1-5-12　工程费用造价占比

某中学教学楼工程 2（6 层）

工程概况表　　表 1-5-17

<table>
<tr><td rowspan="2">计价时期</td><td>年份</td><td>2019</td><td rowspan="2">计价地区</td><td>省份</td><td>广东</td><td>建设类型</td><td colspan="2">新建</td></tr>
<tr><td>月份</td><td>6</td><td>城市</td><td>湛江</td><td>工程造价（万元）</td><td colspan="2">798.26</td></tr>
<tr><td>专业类别</td><td colspan="2">房建工程</td><td>工程类别</td><td colspan="2">教育建筑</td><td rowspan="2">计价依据</td><td>清单</td><td>2013</td></tr>
<tr><td>计税模式</td><td colspan="2">增值税</td><td>建筑物类型</td><td colspan="2">教学楼（初高中技校）</td><td>定额</td><td>2018</td></tr>
<tr><td rowspan="2">建筑面积（m^2）</td><td>±0.00 以下</td><td>0</td><td rowspan="2">高度（m）</td><td>±0.00 以下</td><td>0</td><td rowspan="2">层数</td><td>±0.00 以下</td><td>0</td></tr>
<tr><td>±0.00 以上</td><td>3165.15</td><td>±0.00 以上</td><td>25.20</td><td>±0.00 以上</td><td>6</td></tr>
<tr><td rowspan="8">建筑装饰工程</td><td>结构形式</td><td colspan="7">现浇钢筋混凝土结构</td></tr>
<tr><td>砌体 / 隔墙</td><td colspan="7">混凝土普通砖、蒸压加气混凝土砌块</td></tr>
<tr><td>屋面工程</td><td colspan="7">改性沥青防水卷材、聚合物水泥防水涂料</td></tr>
<tr><td>楼地面</td><td colspan="7">防滑砖、陶瓷砖</td></tr>
<tr><td>天棚</td><td colspan="7">乳胶漆</td></tr>
<tr><td>内墙面</td><td colspan="7">300mm×450mm 陶瓷砖、乳胶漆</td></tr>
<tr><td>外墙面</td><td colspan="7">陶瓷砖</td></tr>
<tr><td>门窗</td><td colspan="7">不锈钢门、钢质防火门、金属百叶窗、铝合金窗（低辐射玻璃）</td></tr>
<tr><td rowspan="4">机电安装工程</td><td>电气</td><td colspan="7">配电箱 59 台</td></tr>
<tr><td>给排水</td><td colspan="7">冷水系统：PPR 管、PE 复合管；排水系统：U-PVC 管</td></tr>
<tr><td>智能化</td><td colspan="7">综合布线系统、有线电视系统、信息系统</td></tr>
<tr><td>消防</td><td colspan="7">气体灭火系统、消火栓系统</td></tr>
</table>

工程造价指标分析表　　表 1-5-18

建筑面积：3165.15m^2　　经济指标：2522.02元/m^2

<table>
<tr><td colspan="3">专业</td><td>工程造价（万元）</td><td>造价比例</td><td>经济指标（元/m^2）</td></tr>
<tr><td colspan="3">建筑装饰工程</td><td>727.78</td><td>91.17%</td><td>2299.35</td></tr>
<tr><td colspan="3">机电安装工程</td><td>70.48</td><td>8.83%</td><td>222.67</td></tr>
<tr><td rowspan="7">其中</td><td rowspan="2">建筑装饰工程</td><td>建筑</td><td>536.54</td><td>67.21%</td><td>1695.15</td></tr>
<tr><td>装修</td><td>191.24</td><td>23.96%</td><td>604.20</td></tr>
<tr><td rowspan="5">机电安装工程</td><td>电气</td><td>40.08</td><td>5.03%</td><td>126.63</td></tr>
<tr><td>给排水</td><td>13.36</td><td>1.67%</td><td>42.21</td></tr>
<tr><td>消防</td><td>12.45</td><td>1.56%</td><td>39.33</td></tr>
<tr><td>智能化</td><td>3.95</td><td>0.49%</td><td>12.48</td></tr>
<tr><td>措施、其他费用</td><td>0.64</td><td>0.08%</td><td>2.02</td></tr>
</table>

土建造价含量表　　表 1-5-19

指标类型				造价含量
混凝土	主体	柱	含量（m^3/m^2）	0.09
			价格（元 /m^3）	669.05
		梁、板	含量（m^3/m^2）	0.26
			价格（元 /m^3）	577.19
		墙	含量（m^3/m^2）	0.01
			价格（元 /m^3）	578.02
		含量小计		0.36
	基础	其他基础	含量（m^3/m^2）	0.08
			价格（元 /m^3）	540.28
		含量小计		0.08
	其他	其他混凝土	含量（m^3/m^2）	0.02
			价格（元 /m^3）	628.73
		含量小计		0.02
	含量合计			0.46
钢筋	钢筋	钢筋	含量（kg/m^2）	74.54
			价格（元 /t）	5104.08
		含量小计		74.54
	含量合计			74.54
模板	主体	柱	含量（m^2/m^2）	0.59
			价格（元 /m^2）	60.61
		梁、板	含量（m^2/m^2）	1.86
			价格（元 /m^2）	65.25
		墙	含量（m^2/m^2）	0.08
			价格（元 /m^2）	39.78
		含量小计		2.53
	基础	其他基础	含量（m^2/m^2）	0.05
			价格（元 /m^2）	46.72
		含量小计		0.05
	其他	其他模板	含量（m^2/m^2）	0.77
			价格（元 /m^2）	68.41
		含量小计		0.77
	含量合计			3.35

机电造价含量表 表 1-5-20

专业	部位	系统	单位	总工程量	总价（万元）	百方含量	单方造价（元）
消防	消防水	消火栓箱	套	29.00	2.07	0.92	6.53
		小计	—	—	2.07	—	6.53
电气	管线	电线管	m	449.40	0.81	14.20	2.55
		电线	m	21056.74	9.01	665.27	28.47
		电缆	m	243.23	2.22	7.68	7.01
		线槽、桥架	m	2685.69	7.73	84.85	24.41
		小计	—	—	19.77	—	62.44
	终端	开关插座	个	342.00	5.12	10.81	16.19
		泛光照明灯具	套	482.00	6.58	15.23	20.78
		小计	—	—	11.70	—	36.97
	设备	配电箱	台	59.00	6.35	1.86	20.06
		小计	—	—	6.35	—	20.06
给排水	末端	洁具、地漏	组	235.00	4.57	7.42	14.43
		小计	—	—	4.57	—	14.43
	管线	水管	m	1162.94	7.44	36.74	23.51
		阀门	个	19.00	0.61	0.60	1.93
		小计	—	—	8.05	—	25.44

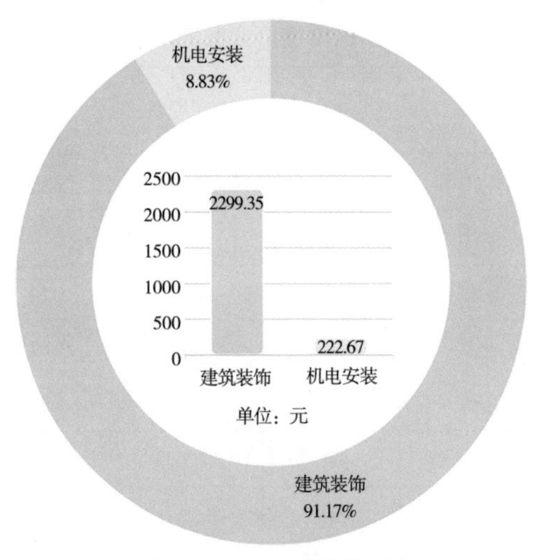

图 1-5-13　专业造价对比

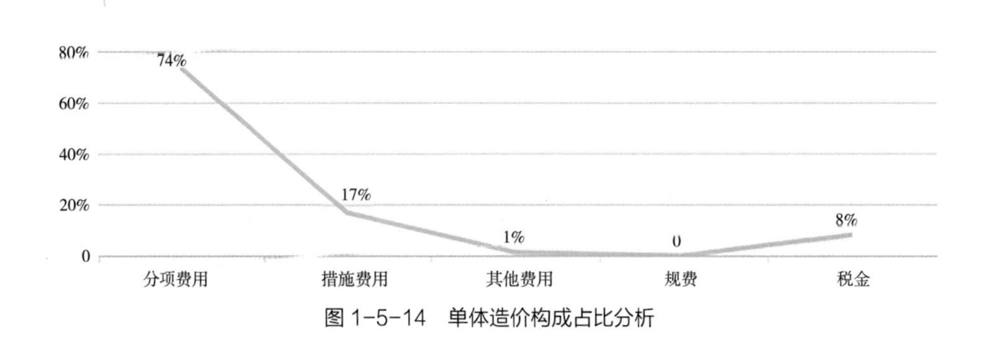

图 1-5-14　单体造价构成占比分析

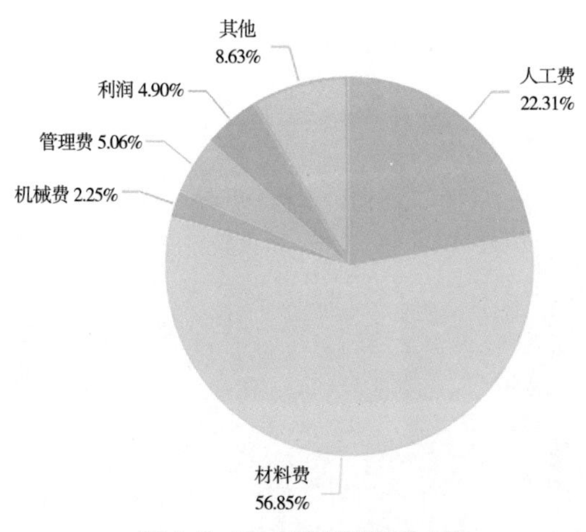

图 1-5-15　工程费用造价占比

某中学教学楼工程 3（6 层）

工程概况表　　　　表 1-5-21

<table>
<tr><td colspan="2" rowspan="2">计价时期</td><td>年份</td><td>2019</td><td rowspan="2">计价地区</td><td>省份</td><td>广东</td><td>建设类型</td><td colspan="2">新建</td></tr>
<tr><td>月份</td><td>3</td><td>城市</td><td>阳江</td><td>工程造价（万元）</td><td colspan="2">1887.29</td></tr>
<tr><td colspan="2">专业类别</td><td colspan="2">房建工程</td><td>工程类别</td><td colspan="2">教育建筑</td><td rowspan="2">计价依据</td><td>清单</td><td>2013</td></tr>
<tr><td colspan="2">计税模式</td><td colspan="2">增值税</td><td>建筑物类型</td><td colspan="2">教学楼（初高中技校）</td><td>定额</td><td>2018</td></tr>
<tr><td colspan="2" rowspan="2">建筑面积（m²）</td><td>±0.00 以下</td><td>0</td><td rowspan="2">高度（m）</td><td>±0.00 以下</td><td>0</td><td rowspan="2">层数</td><td>±0.00 以下</td><td>0</td></tr>
<tr><td>±0.00 以上</td><td>7192.00</td><td>±0.00 以上</td><td>21.75</td><td>±0.00 以上</td><td>6</td></tr>
<tr><td rowspan="9">建筑装饰工程</td><td>基础</td><td colspan="8">φ400 预制钢筋混凝土管桩</td></tr>
<tr><td>结构形式</td><td colspan="8">现浇钢筋混凝土结构</td></tr>
<tr><td>砌体 / 隔墙</td><td colspan="8">蒸压加气混凝土砌块</td></tr>
<tr><td>屋面工程</td><td colspan="8">0.4mm 聚乙烯薄膜、1.5mm 高分子防水涂料、1.5mm 高分子防水卷材、300mm×300mm 仿古防滑砖、陶瓷西瓦</td></tr>
<tr><td>楼地面</td><td colspan="8">水磨石楼地面、仿古防滑砖</td></tr>
<tr><td>天棚</td><td colspan="8">铝扣板吊顶</td></tr>
<tr><td>内墙面</td><td colspan="8">300mm×450mm 釉面砖</td></tr>
<tr><td>外墙面</td><td colspan="8">纸皮砖、仿古透水青砖片</td></tr>
<tr><td>门窗</td><td colspan="8">钢板复合门、塑钢门、铝合金窗（6mm 平板玻璃）、铝合金百叶窗</td></tr>
<tr><td rowspan="4">机电安装工程</td><td>电气</td><td colspan="8">配电箱 182 台</td></tr>
<tr><td>给排水</td><td colspan="8">冷水系统：PPR 管；排水系统：U-PVC 管</td></tr>
<tr><td>智能化</td><td colspan="8">计算机应用系统、网络系统系统、广播系统、视频监控系统</td></tr>
<tr><td>消防</td><td colspan="8">消火栓系统、火灾自动报警系统</td></tr>
</table>

工程造价指标分析表　　　　表 1-5-22

建筑面积：7192.00m²　　　经济指标：2624.15元/m²

专业	工程造价（万元）	造价比例	经济指标（元/m²）
建筑装饰工程	1603.59	84.97%	2229.69
机电安装工程	283.70	15.03%	394.46

续表

专业			工程造价（万元）	造价比例	经济指标（元/m^2）
其中	建筑装饰工程	建筑	1218.01	64.54%	1693.57
		装修	385.58	20.43%	536.12
	机电安装工程	电气	162.66	8.62%	226.17
		给排水	38.39	2.03%	53.37
		消防	27.46	1.45%	38.18
		智能化	55.19	2.93%	76.74

土建造价含量表　　表 1-5-23

指标类型				造价含量
混凝土	主体	柱	含量（m^3/m^2）	0.07
			价格（元/m^3）	748.26
		梁、板	含量（m^3/m^2）	0.35
			价格（元/m^3）	580.66
		含量小计		0.42
	基础	承台	含量（m^3/m^2）	0.03
			价格（元/m^3）	630.64
		含量小计		0.03
	其他	其他混凝土	含量（m^3/m^2）	0.02
			价格（元/m^3）	732.54
		含量小计		0.02
	含量合计			0.47
钢筋	钢筋	钢筋	含量（kg/m^2）	51.78
			价格（元/t）	5113.05
		含量小计		51.78
	含量合计			51.78
模板	主体	柱	含量（m^2/m^2）	0.50
			价格（元/m^2）	62.81
		梁、板	含量（m^2/m^2）	2.03
			价格（元/m^2）	69.20
		含量小计		2.53

续表

指标类型				造价含量
模板	基础	其他基础	含量（m^2/m^2）	0.03
			价格（元/m^2）	28.24
		含量小计		0.03
	其他	其他模板	含量（m^2/m^2）	0.69
			价格（元/m^2）	67.23
		含量小计		0.69
	含量合计			3.25

机电造价含量表　　表 1-5-24

专业	部位	系统	单位	总工程量	总价（万元）	百方含量	单方造价（元）
消防	消防水	消火栓箱	套	42.00	4.28	0.58	5.95
		小计	—	—	4.28	—	5.95
电气	管线	电线管	m	18947.22	29.58	263.45	41.13
		电线	m	66202.41	38.38	920.50	53.37
		电缆	m	1392.12	42.03	19.36	58.44
		线槽、桥架	m	650.94	6.95	9.05	9.66
		小计	—	—	116.94	—	162.60
	终端	开关插座	个	1056.00	10.94	14.68	15.21
		泛光照明灯具	套	915.00	13.06	12.72	18.16
		小计	—	—	24.00	—	33.37
	设备	配电箱	台	182.00	14.49	2.53	20.14
		小计	—	—	14.49	—	20.14
给排水	末端	洁具、地漏	组	372.00	13.23	5.17	18.39
		小计	—	—	13.23	—	18.39
	管线	水管	m	3163.64	23.46	43.99	32.62
		阀门	个	62.00	0.34	0.86	0.47
		小计	—	—	23.80	—	33.09

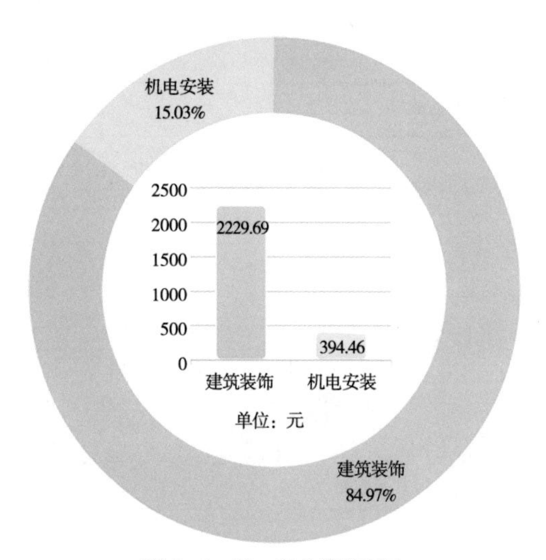

图 1-5-16　专业造价对比

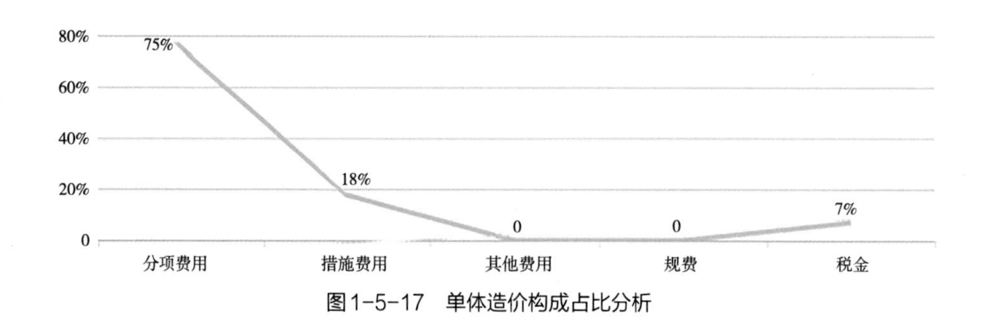

图1-5-17　单体造价构成占比分析

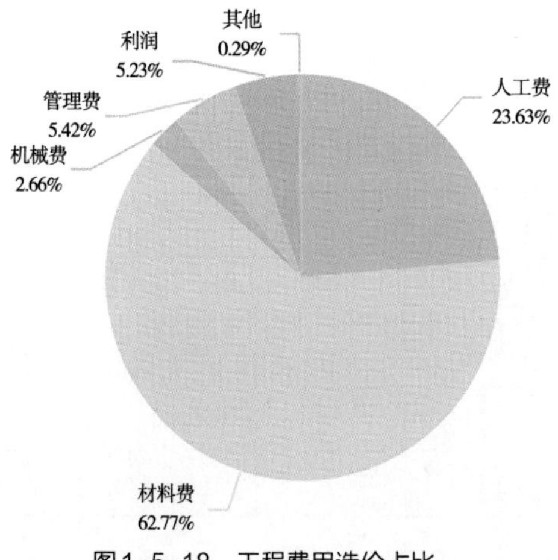

图1-5-18　工程费用造价占比

某教育中心工程（7层）

工程概况表 表 1-5-25

<table>
<tr><td rowspan="2">计价时期</td><td>年份</td><td>2020</td><td rowspan="2">计价地区</td><td>省份</td><td>广东</td><td>建设类型</td><td colspan="2">新建</td></tr>
<tr><td>月份</td><td>1</td><td>城市</td><td>珠海</td><td>工程造价（万元）</td><td colspan="2">3819.48</td></tr>
<tr><td>专业类别</td><td colspan="2">房建工程</td><td>工程类别</td><td colspan="2">教育建筑</td><td rowspan="2">计价依据</td><td>清单</td><td>2013</td></tr>
<tr><td>计税模式</td><td colspan="2">增值税</td><td>建筑物类型</td><td colspan="2">教学楼</td><td>定额</td><td>2018</td></tr>
<tr><td rowspan="2">建筑面积（m²）</td><td>±0.00 以下</td><td>1311.87</td><td rowspan="2">高度（m）</td><td>±0.00 以下</td><td>3.90</td><td rowspan="2">层数</td><td>±0.00 以下</td><td>1</td></tr>
<tr><td>±0.00 以上</td><td>8637.78</td><td>±0.00 以上</td><td>34.80</td><td>±0.00 以上</td><td>7</td></tr>
<tr><td rowspan="9">建筑装饰工程</td><td>基础</td><td colspan="7">φ500 预制钢筋混凝土管桩、满堂基础</td></tr>
<tr><td>结构形式</td><td colspan="7">现浇钢筋混凝土结构</td></tr>
<tr><td>砌体/隔墙</td><td colspan="7">蒸压加气混凝土砌块、实心砖</td></tr>
<tr><td>屋面工程</td><td colspan="7">聚苯乙烯泡沫保温板、陶瓷砖</td></tr>
<tr><td>楼地面</td><td colspan="7">仿古砖、防滑耐磨地砖、300mm×300mm 红缸砖楼地面、花岗石楼地面</td></tr>
<tr><td>天棚</td><td colspan="7">无机涂料、埃特板吊顶、铝合金板吊顶、铝合金格栅吊顶</td></tr>
<tr><td>内墙面</td><td colspan="7">艺术仿古砖、无机涂料、600mm×300mm 釉面砖</td></tr>
<tr><td>外墙面</td><td colspan="7">喷刷涂料、釉面砖、纸皮砖、石材幕墙（花岗石）</td></tr>
<tr><td>门窗</td><td colspan="7">钢制防火门、不锈钢门、防护密闭门、造型实木门、铝合金窗（钢化中空玻璃）、金属百叶窗、铝合金门</td></tr>
<tr><td rowspan="7">机电安装工程</td><td>电气</td><td colspan="7">配电箱 133 台</td></tr>
<tr><td>给排水</td><td colspan="7">冷水系统：不锈钢管、PPR 管；排水系统：U-PVC 管</td></tr>
<tr><td>通风空调</td><td colspan="7">风管送风式空调机组 6 台、直流变频多联空调室外机 10 台、挂壁式分体空调 91 台</td></tr>
<tr><td>智能化</td><td colspan="7">综合布线系统、网络广播系统、视频监控系统</td></tr>
<tr><td>电梯</td><td colspan="7">电梯 1 部</td></tr>
<tr><td>消防</td><td colspan="7">消防喷淋系统、气体灭火系统、火灾自动报警系统</td></tr>
<tr><td>抗震支架</td><td colspan="7">抗震支吊架</td></tr>
</table>

工程造价指标分析表 表 1-5-26

建筑面积：9949.65m² 经济指标：3838.82元/m²

<table>
<tr><td colspan="3">专业</td><td>工程造价（万元）</td><td>造价比例</td><td>经济指标（元/m²）</td></tr>
<tr><td colspan="3">建筑装饰工程</td><td>3079.03</td><td>80.61%</td><td>3094.62</td></tr>
<tr><td colspan="3">机电安装工程</td><td>740.45</td><td>19.39%</td><td>744.20</td></tr>
<tr><td rowspan="4">其中</td><td rowspan="2">建筑装饰工程</td><td>建筑</td><td>2527.11</td><td>66.16%</td><td>2539.91</td></tr>
<tr><td>装修</td><td>551.92</td><td>14.45%</td><td>554.71</td></tr>
<tr><td rowspan="2">机电安装工程</td><td>电气</td><td>214.58</td><td>5.62%</td><td>215.67</td></tr>
<tr><td>通风空调</td><td>152.74</td><td>4.00%</td><td>153.52</td></tr>
</table>

续表

专业			工程造价（万元）	造价比例	经济指标（元/m²）
其中	机电安装工程	给排水	76.39	2.00%	76.78
		消防	161.00	4.22%	161.81
		电梯	78.46	2.06%	78.86
		智能化	12.33	0.32%	12.39
		抗震支架	36.86	0.96%	37.04
		措施、其他费用	8.09	0.21%	8.13

土建造价含量表 **表 1-5-27**

指标类型				造价含量
混凝土	主体	柱	含量（m^3/m^2）	0.06
			价格（元/m^3）	919.95
		梁、板	含量（m^3/m^2）	0.22
			价格（元/m^3）	810.12
		墙	含量（m^3/m^2）	0.08
			价格（元/m^3）	841.00
		含量小计		0.36
	基础	承台	含量（m^3/m^2）	0.04
			价格（元/m^3）	830.60
		其他基础	含量（m^3/m^2）	0.16
			价格（元/m^3）	830.76
		含量小计		0.20
	其他	其他混凝土	含量（m^3/m^2）	0.01
			价格（元/m^3）	942.69
		含量小计		0.01
	含量合计			0.57
钢筋	钢筋	钢筋	含量（kg/m^2）	103.25
			价格（元/t）	5577.73
		含量小计		103.25
	含量合计			103.25
模板	主体	柱	含量（m^2/m^2）	0.20
			价格（元/m^2）	70.00
		梁、板	含量（m^2/m^2）	1.55
			价格（元/m^2）	78.88
		墙	含量（m^2/m^2）	0.47
			价格（元/m^2）	61.80
		含量小计		2.22
	基础	其他基础	含量（m^2/m^2）	0.04
			价格（元/m^2）	31.20
		含量小计		0.04
	其他	其他模板	含量（m^2/m^2）	0.54
			价格（元/m^2）	63.20
		含量小计		0.54
	含量合计			2.80

机电造价含量表　　　　表 1–5–28

专业	部位	系统	单位	总工程量	总价（万元）	百方含量	单方造价（元）
消防	消防报警末端	广播	个	73.00	1.14	0.73	1.14
		模块	个	115.00	2.61	1.16	2.62
		温感、烟感	个	334.00	3.31	3.36	3.33
		小计	—	—	7.06	—	7.09
	消防水	喷头	个	1251.00	9.24	12.57	9.29
		消火栓箱	套	34.00	1.32	0.34	1.33
		小计	—	—	10.56	—	10.62
	消防电设备	报警主机	台	3.00	7.38	0.03	7.42
		小计	—	—	7.38	—	7.42
电气	管线	电线管	m	14872.47	28.22	149.48	28.36
		电线	m	18848.00	22.88	189.43	22.99
		电缆	m	8175.64	58.79	82.17	59.09
		线槽、桥架	m	1110.52	14.44	11.16	14.51
		小计	—	—	124.33	—	124.95
	终端	开关插座	个	955.00	4.58	9.60	4.60
		泛光照明灯具	套	2311.40	29.29	23.23	29.44
		小计	—	—	33.87	—	34.04
	设备	配电箱	台	133.00	36.79	1.34	36.97
		小计	—	—	36.79	—	36.97
给排水	末端	洁具、地漏	组	113.00	8.95	1.14	9.00
		小计	—	—	8.95	—	9.00
	管线	水管	m	2669.00	20.55	26.83	20.66
		阀门	个	195.00	8.28	1.96	8.33
		小计	—	—	28.83	—	28.99
	设备	泵	套	29.00	22.30	0.29	22.41
		小计	—	—	22.30	—	22.41
通风空调	保温	风阀	个	17.00	1.08	0.17	1.08
		小计	—	—	1.08	—	1.08
	末端	风口	个	148.00	2.98	1.49	2.99
		小计	—	—	2.98	—	2.99
	管线	风管	m^2	1018.61	15.74	10.24	15.82
		小计	—	—	15.74	—	15.82
	设备	空调器	台	138.00	121.52	1.39	122.14
		小计	—	—	121.52	—	122.14

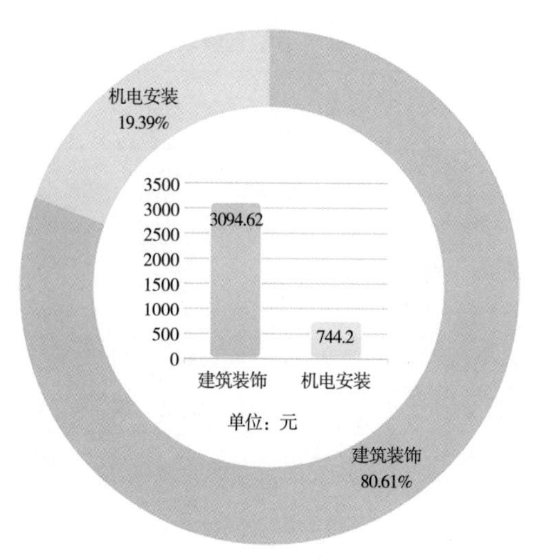

图1-5-19　专业造价对比

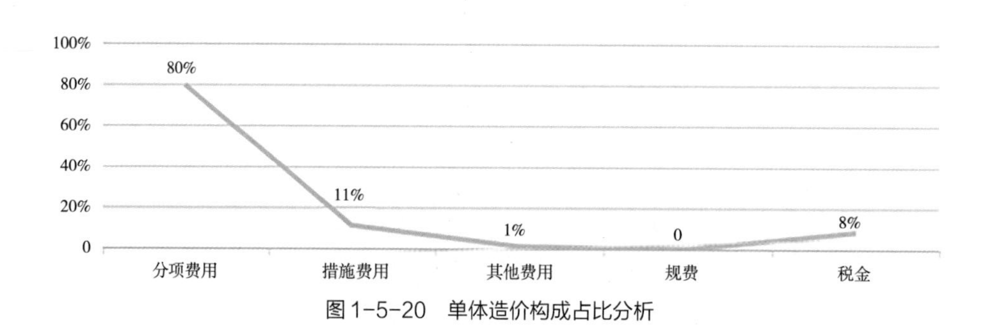

图1-5-20　单体造价构成占比分析

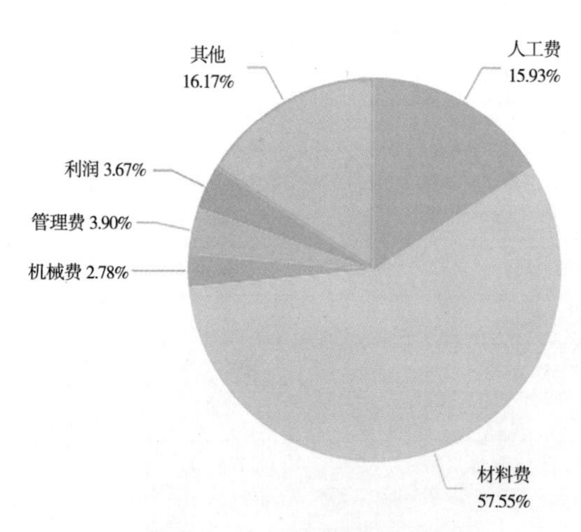

图1-5-21　工程费用造价占比

某培训中心教学楼工程（8层）

工程概况表 表 1–5–29

<table>
<tr><td rowspan="2">计价时期</td><td>年份</td><td>2019</td><td rowspan="2">计价地区</td><td>省份</td><td>广东</td><td>建设类型</td><td colspan="2">新建</td></tr>
<tr><td>月份</td><td>1</td><td>城市</td><td>广州</td><td>工程造价（万元）</td><td colspan="2">12318.61</td></tr>
<tr><td>专业类别</td><td colspan="2">房建工程</td><td>工程类别</td><td colspan="2">教育建筑</td><td rowspan="2">计价依据</td><td>清单</td><td>2013</td></tr>
<tr><td>计税模式</td><td colspan="2">增值税</td><td>建筑物类型</td><td colspan="2">教学楼</td><td>定额</td><td>2010</td></tr>
<tr><td rowspan="2">建筑面积（m²）</td><td>± 0.00 以下</td><td>0</td><td rowspan="2">高度（m）</td><td>± 0.00 以下</td><td>0</td><td rowspan="2">层数</td><td>± 0.00 以下</td><td>0</td></tr>
<tr><td>± 0.00 以上</td><td>26396.00</td><td>± 0.00 以上</td><td>38.70</td><td>± 0.00 以上</td><td>8</td></tr>
</table>

<table>
<tr><td rowspan="8">建筑装饰工程</td><td>结构形式</td><td>现浇钢筋混凝土结构</td></tr>
<tr><td>砌体 / 隔墙</td><td>蒸压加气混凝土砌块</td></tr>
<tr><td>屋面工程</td><td>聚合物水泥防水涂料、耐磨砖、聚苯乙烯泡沫保温板、改性沥青防水卷材</td></tr>
<tr><td>楼地面</td><td>防滑砖、隔声垫、抛釉砖、抛光砖、花岗石楼地面、金刚砂楼地面、防静电地板、地毯</td></tr>
<tr><td>天棚</td><td>无机涂料、石膏板吊顶、石膏吸声板吊顶、水泥纤维板吊顶</td></tr>
<tr><td>内墙面</td><td>无机涂料、有机涂料、抛光砖、石膏板、聚酯棉吸声板、壁纸、饰面板、铝合金板、夹丝玻璃</td></tr>
<tr><td>外墙面</td><td>氟碳喷涂铝板幕墙、钢化中空玻璃幕墙、钢化夹胶玻璃、外墙涂料、花岗石墙面、玻璃锦砖</td></tr>
<tr><td>门窗</td><td>钢质防火门、不锈钢门、铝合金窗、地弹门、木质门</td></tr>
<tr><td rowspan="5">机电安装工程</td><td>电气</td><td>配电箱 266 台</td></tr>
<tr><td>给排水</td><td>冷水系统：PPR 塑料管、衬塑镀锌钢管；排水系统：U–PVC 塑料管、涂塑钢管</td></tr>
<tr><td>通风空调</td><td>空调风柜 24 台、多联变频中央空调室内机组 51 台</td></tr>
<tr><td>智能化</td><td>综合布线系统、计算机网络系统（内网、外网、智能网）、出入口控制（一卡通）系统、入侵报警及紧急求助系统、视频监控系统、无线对讲系统、电梯五方对讲系统</td></tr>
<tr><td>消防</td><td>防火门监控系统、火灾自动报警系统、火灾监控系统、电源监控系统、气体灭火系统、喷淋系统</td></tr>
</table>

工程造价指标分析表 表 1–5–30

建筑面积：26396.00m² 经济指标：4666.85元/m²

<table>
<tr><td colspan="3">专业</td><td>工程造价（万元）</td><td>造价比例</td><td>经济指标（元 /m²）</td></tr>
<tr><td colspan="3">建筑装饰工程</td><td>9263.68</td><td>75.20%</td><td>3509.50</td></tr>
<tr><td colspan="3">机电安装工程</td><td>3054.93</td><td>24.80%</td><td>1157.35</td></tr>
<tr><td rowspan="7">其中</td><td rowspan="2">建筑装饰工程</td><td>建筑</td><td>7158.54</td><td>58.11%</td><td>2711.98</td></tr>
<tr><td>装修</td><td>2105.14</td><td>17.09%</td><td>797.52</td></tr>
<tr><td rowspan="5">机电安装工程</td><td>电气</td><td>567.32</td><td>4.61%</td><td>214.93</td></tr>
<tr><td>通风空调</td><td>813.36</td><td>6.60%</td><td>308.14</td></tr>
<tr><td>给排水</td><td>185.64</td><td>1.51%</td><td>70.33</td></tr>
<tr><td>消防</td><td>470.55</td><td>3.82%</td><td>178.27</td></tr>
<tr><td>智能化</td><td>1018.06</td><td>8.26%</td><td>385.68</td></tr>
</table>

土建造价含量表　　表 1-5-31

指标类型				造价含量
混凝土	主体	柱	含量（m^3/m^2）	0.07
			价格（元 /m^3）	774.30
		梁、板	含量（m^3/m^2）	0.28
			价格（元 /m^3）	702.25
		墙	含量（m^3/m^2）	0.01
			价格（元 /m^3）	764.07
		含量小计		0.36
	基础	其他基础	含量（m^3/m^2）	0.00
			价格（元 /m^3）	687.09
		含量小计		0.00
	其他	其他混凝土	含量（m^3/m^2）	0.03
			价格（元 /m^3）	793.09
		含量小计		0.03
	含量合计			0.39
钢筋	钢筋	钢筋	含量（kg/m^2）	68.34
			价格（元 /t）	5195.47
		含量小计		68.34
	含量合计			68.34
模板	主体	柱	含量（m^2/m^2）	0.31
			价格（元 /m^2）	61.25
		梁、板	含量（m^2/m^2）	2.11
			价格（元 /m^2）	70.22
		墙	含量（m^2/m^2）	0.08
			价格（元 /m^2）	41.84
		含量小计		2.50
	基础	其他基础	含量（m^2/m^2）	0.00
			价格（元 /m^2）	54.02
		含量小计		0.00
	其他	其他模板	含量（m^2/m^2）	0.53
			价格（元 /m^2）	68.77
		含量小计		0.53
	含量合计			3.03

机电造价含量表　　表 1-5-32

专业	部位	系统	单位	总工程量	总价（万元）	百方含量	单方造价（元）
消防	消防报警末端	广播	个	214.00	2.70	0.81	1.02
		模块	个	255.00	8.66	0.97	3.28
		温感、烟感	个	718.00	15.54	2.72	5.89
		小计	—	—	26.90	—	10.19
	消防水	喷头	个	6347.00	39.81	24.05	15.08
		消火栓箱	套	127.00	32.12	0.48	12.17
		小计	—	—	71.93	—	27.25
电气	管线	电线管	m	57768.42	94.90	218.85	35.95
		电线	m	194338.68	89.43	736.24	33.88
		电缆	m	4414.62	107.63	16.72	40.77
		线槽、桥架	m	1619.20	16.55	6.13	6.27
		小计	—	—	308.51	—	116.87
	终端	开关插座	个	5089.00	19.78	19.28	7.50
		泛光照明灯具	套	5462.00	86.99	20.69	32.95
		小计	—	—	106.77	—	40.45
	设备	配电箱	台	266.00	101.91	1.01	38.61
		小计	—	—	101.91	—	38.61
给排水	末端	洁具、地漏	组	748.00	51.24	2.83	19.41
		小计	—	—	51.24	—	19.41
	管线	水管	m	6172.63	84.88	23.38	32.16
		阀门	个	119.00	16.10	0.45	6.10
		小计	—	—	100.98	—	38.26
	设备	泵	套	2.00	1.33	0.01	0.50
		小计	—	—	1.33	—	0.50
通风空调	保温	风阀	个	449.00	17.64	1.70	6.68
		小计	—	—	17.64	—	6.68
	末端	风口	个	1503.00	55.31	5.69	20.95
		风机盘管	台	409.00	71.47	1.55	27.08
		小计	—	—	126.78	—	48.03
	管线	风管	m^2	9773.98	161.19	37.03	61.06
		小计	—	—	161.19	—	61.06
	设备	空调器	台	75.00	115.58	0.28	43.79
		风机	台	34.00	15.35	0.13	5.82
		小计	—	—	130.93	—	49.61

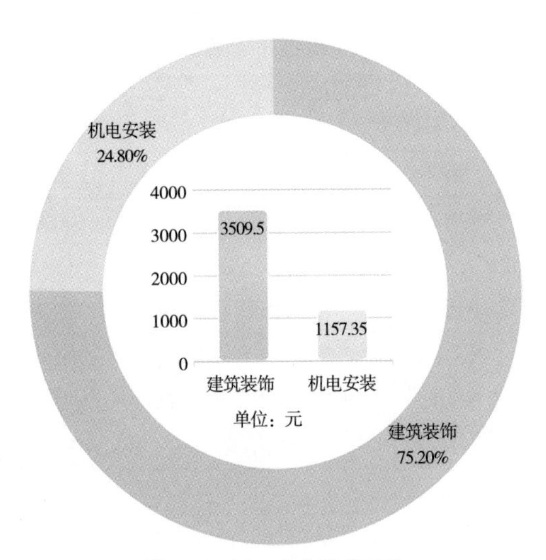

图 1-5-22　专业造价对比

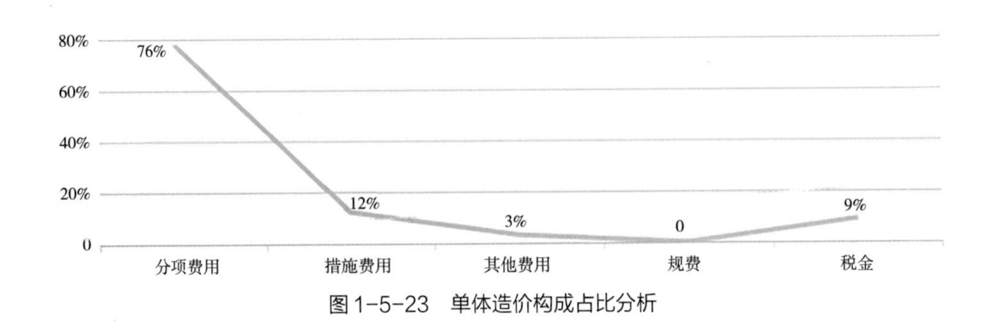

图 1-5-23　单体造价构成占比分析

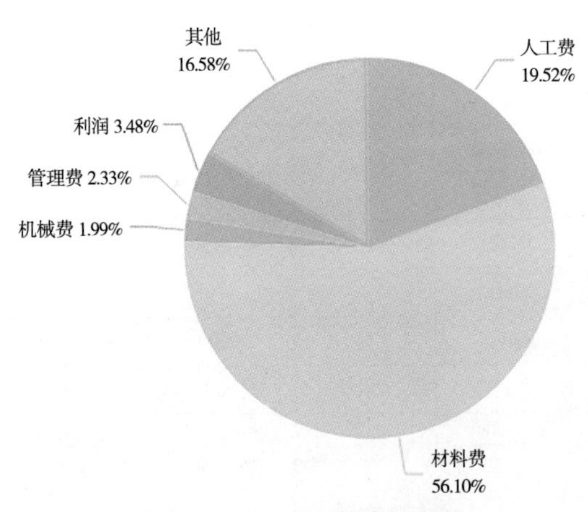

图 1-5-24　工程费用造价占比

第六节　体育建筑

某学校体育馆工程（2层）

工程概况表　　表 1-6-1

<table>
<tr><td rowspan="2">计价时期</td><td>年份</td><td>2018</td><td rowspan="2">计价地区</td><td>省份</td><td>广东</td><td>建设类型</td><td colspan="2">新建</td></tr>
<tr><td>月份</td><td>12</td><td>城市</td><td>广州</td><td>工程造价（万元）</td><td colspan="2">1705.06</td></tr>
<tr><td>专业类别</td><td colspan="2">房建工程</td><td>工程类别</td><td colspan="2">教育建筑</td><td rowspan="2">计价依据</td><td>清单</td><td>2013</td></tr>
<tr><td>计税模式</td><td colspan="2">增值税</td><td>建筑物类型</td><td colspan="2">体育馆</td><td>定额</td><td>2010</td></tr>
<tr><td rowspan="2">建筑面积（m²）</td><td>±0.00 以下</td><td>520.90</td><td rowspan="2">高度（m）</td><td>±0.00 以下</td><td>0</td><td rowspan="2">层数</td><td>±0.00 以下</td><td>1</td></tr>
<tr><td>±0.00 以上</td><td>2968.09</td><td>±0.00 以上</td><td>14.35</td><td>±0.00 以上</td><td>2</td></tr>
</table>

建筑装饰工程	基础	ϕ500mm 预制钢筋混凝土管桩
	结构形式	现浇钢筋混凝土结构
	砌体 / 隔墙	蒸压加气混凝土砌块
	屋面工程	聚苯乙烯泡沫保温板、改性沥青防水卷材
	楼地面	水磨石楼地面、聚氨酯自流平楼地面、防滑砖、300mm×300mm 耐磨砖
	天棚	乳胶漆
	内墙面	乳胶漆
	外墙面	2.5mm 氟碳喷涂铝板幕墙、玻璃幕墙（6+12A+6mm 双钢化中空玻璃，局部）
	门窗	复合木门、钢质防火门、铝合金门窗（热反射镀膜玻璃）
机电安装工程	电气	配电箱 24 台
	给排水	冷热水系统：内衬塑钢管、PPR 管、CPVC 管；排水系统：HDPE 管
	通风空调	多联机 23 组、箱式离心风机 6 台
	智能化	公共广播系统、综合布线系统、视频监控系统、计算机网络系统
	消防	消火栓系统

工程造价指标分析表　　表 1-6-2

建筑面积：3488.99m²　　经济指标：4887.01元/m²

专业			工程造价（万元）	造价比例	经济指标（元/m²）
建筑装饰工程			1363.04	79.94%	3906.70
机电安装工程			337.18	19.78%	966.42
室外配套工程			4.84	0.28%	13.89
其中	建筑装饰工程	建筑	1197.52	70.23%	3432.29
		装修	165.52	9.71%	474.41
	机电安装工程	电气	87.57	5.14%	250.99

续表

专业			工程造价（万元）	造价比例	经济指标（元/m²）
其中	机电安装工程	通风空调	128.99	7.57%	369.71
		给排水	89.54	5.25%	256.64
		消防	22.69	1.33%	65.03
		智能化	8.39	0.49%	24.05
	室外配套工程	景观	4.84	0.28%	13.89

土建造价含量表 **表 1-6-3**

指标类型				造价含量
混凝土	主体	柱	含量（m³/m²）	0.12
			价格（元/m³）	622.17
		梁、板	含量（m³/m²）	0.48
			价格（元/m³）	559.49
		墙	含量（m³/m²）	0.04
			价格（元/m³）	599.96
		含量小计		0.64
	基础	承台	含量（m³/m²）	0.04
			价格（元/m³）	578.74
		其他基础	含量（m³/m²）	0.14
			价格（元/m³）	534.09
		含量小计		0.18
	其他	其他混凝土	含量（m³/m²）	0.01
			价格（元/m³）	599.45
		含量小计		0.01
	含量合计			0.83
钢筋	钢筋	钢筋	含量（kg/m²）	139.93
			价格（元/t）	5160.58
		含量小计		139.93
	含量合计			139.93
模板	主体	柱	含量（m²/m²）	0.35
			价格（元/m²）	78.20
		梁、板	含量（m²/m²）	2.40
			价格（元/m²）	100.73
		墙	含量（m²/m²）	0.30
			价格（元/m²）	39.95
		含量小计		3.05
	基础	其他基础	含量（m²/m²）	0.05
			价格（元/m²）	118.98
		含量小计		0.05
	其他	其他模板	含量（m²/m²）	1.94
			价格（元/m²）	43.60
		含量小计		1.94
	含量合计			5.04

机电造价含量表 表 1-6-4

专业	部位	系统	单位	总工程量	总价（万元）	百方含量	单方造价（元）
消防	消防水	消火栓箱	套	21.00	2.92	0.60	8.36
		小计	—	—	2.92	—	8.36
电气	管线	电线管	m	5658.99	11.93	162.20	34.19
		电线	m	15432.80	6.45	442.33	18.49
		电缆	m	3637.74	51.73	104.26	148.26
		线槽、桥架	m	213.87	1.25	6.13	3.57
		小计	—	—	71.36	—	204.51
	终端	开关插座	个	73.00	0.19	2.09	0.56
		泛光照明灯具	套	358.00	4.64	10.26	13.29
		小计	—	—	4.83	—	13.85
	设备	配电箱	台	24.00	4.76	0.69	13.64
		小计	—	—	4.76	—	13.64
给排水	末端	洁具、地漏	组	135.00	3.29	3.87	9.44
		小计	—	—	3.29	—	9.44
	管线	水管	m	1863.12	13.32	53.40	38.19
		阀门	个	259.00	10.62	7.42	30.44
		小计	—	—	23.94	—	68.63
	设备	水箱	台	2.00	6.36	0.06	18.22
		泵	套	8.00	14.95	0.23	42.84
		小计	—	—	21.31	—	61.06
通风空调	保温	风阀	个	5.00	0.50	0.14	1.44
		小计	—	—	0.50	—	1.44
	末端	风口	个	93.00	2.43	2.67	6.98
		小计	—	—	2.43	—	6.98
	管线	风管	m^2	962.10	18.80	27.58	53.88
		小计	—	—	18.80	—	53.88
	设备	空调器	台	23.00	93.66	0.66	268.44
		风机	台	6.00	2.20	0.17	6.31
		小计	—	—	95.86	—	274.75

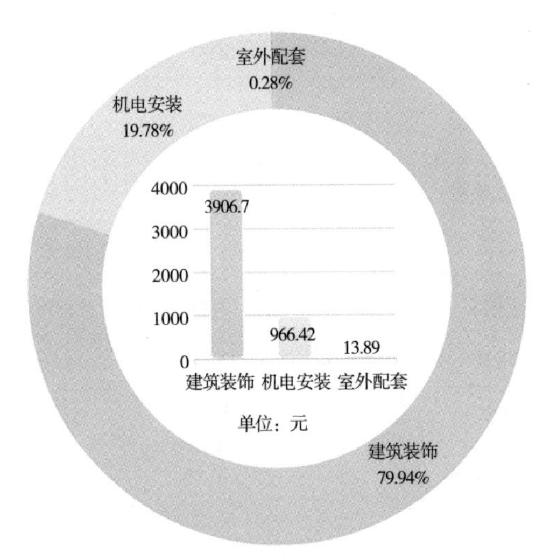

图 1-6-1 专业造价对比

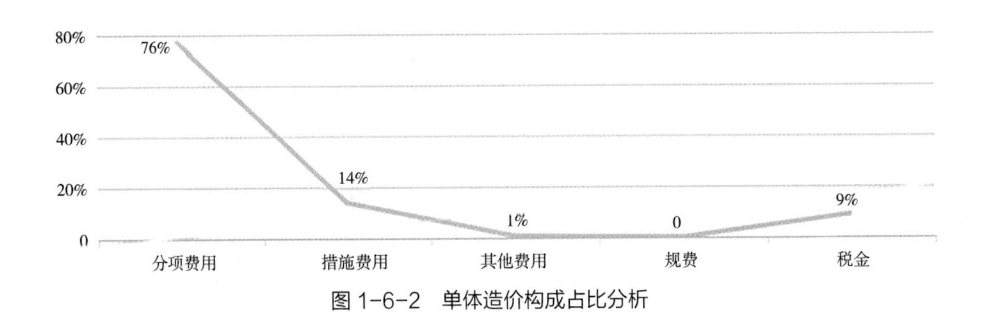

图 1-6-2 单体造价构成占比分析

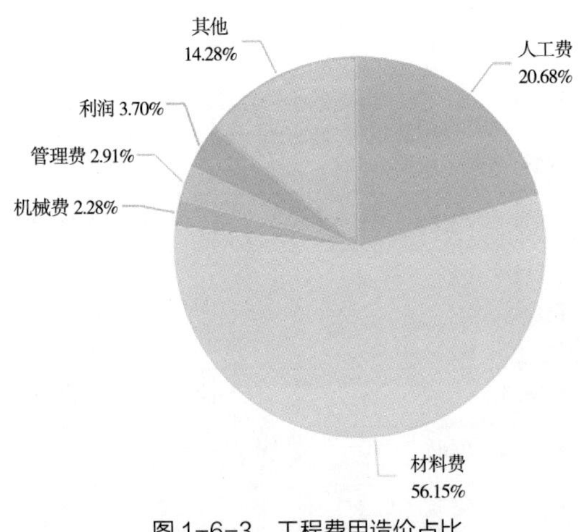

图 1-6-3 工程费用造价占比

某学校体育馆工程（5层）

工程概况表　　表 1-6-5

<table>
<tr><td rowspan="2">计价时期</td><td>年份</td><td>2020</td><td rowspan="2">计价地区</td><td>省份</td><td>广东</td><td>建设类型</td><td colspan="2">新建</td></tr>
<tr><td>月份</td><td>7</td><td>城市</td><td>广州</td><td>工程造价（万元）</td><td colspan="2">11304.12</td></tr>
<tr><td>专业类别</td><td colspan="2">房建工程</td><td>工程类别</td><td colspan="2">教育建筑</td><td rowspan="2">计价依据</td><td>清单</td><td>2013</td></tr>
<tr><td>计税模式</td><td colspan="2">增值税</td><td>建筑物类型</td><td colspan="2">体育馆</td><td>定额</td><td>2018</td></tr>
<tr><td rowspan="2">建筑面积（m^2）</td><td>±0.00 以下</td><td>6690.00</td><td rowspan="2">高度（m）</td><td>±0.00 以下</td><td>5.25</td><td rowspan="2">层数</td><td>±0.00 以下</td><td>1</td></tr>
<tr><td>±0.00 以上</td><td>15736.00</td><td>±0.00 以上</td><td>23.60</td><td>±0.00 以上</td><td>5</td></tr>
<tr><td rowspan="9">建筑装饰工程</td><td>基础</td><td colspan="7">ϕ800mm 深层搅拌桩、13mm 钢板桩、ϕ500mm 预应力混凝土管桩</td></tr>
<tr><td>结构形式</td><td colspan="7">现浇钢筋混凝土结构、局部钢结构（钢梁、钢柱、钢屋架）</td></tr>
<tr><td>砌体 / 隔墙</td><td colspan="7">蒸压加气混凝土砌块</td></tr>
<tr><td>屋面工程</td><td colspan="7">高分子防水涂料、聚苯乙烯泡沫保温板</td></tr>
<tr><td>楼地面</td><td colspan="7">800mm × 800mm 仿古砖、防滑砖、实木地板（健美练习台、比赛场）</td></tr>
<tr><td>天棚</td><td colspan="7">无机涂料、100mm 空间吸声体吊顶、600mm × 600mm 铝扣板吊顶</td></tr>
<tr><td>内墙面</td><td colspan="7">防霉涂料、乳胶漆、300mm × 400mm 陶瓷砖（卫生间、游泳中心淋浴间、门厅）、15mm 厚玻镁吸声板（健美练习台）、2mm 铝合金板</td></tr>
<tr><td>外墙面</td><td colspan="7">铝板幕墙（表面氟碳喷涂、部分为 6+1.14PVB+6+12A+6mm 钢化夹胶中空玻璃窗）、45mm × 95mm 纸皮砖</td></tr>
<tr><td>门窗</td><td colspan="7">钢质防火门、防火卷帘门、铝合金窗、钢木复合门、明框落地玻璃门连窗</td></tr>
<tr><td rowspan="8">机电安装工程</td><td>电气</td><td colspan="7">配电箱 139 台</td></tr>
<tr><td>给排水</td><td colspan="7">冷热水系统：PPR 管、钢丝网骨架塑料（PE）复合管、U–PVC 管；排水系统：U–PVC 管、PPR 管、衬塑镀锌钢管</td></tr>
<tr><td>通风空调</td><td colspan="7">低噪声轴流风机 12 台、离心管道排风机 15 台、轴流风机 14 台</td></tr>
<tr><td>智能化</td><td colspan="7">综合布线系统（校园网、设备网）、残疾人呼叫系统、电梯五方对讲系统、LED 大屏系统、速通门系统</td></tr>
<tr><td>电梯</td><td colspan="7">电梯 1 部</td></tr>
<tr><td>消防</td><td colspan="7">消火栓系统、喷淋系统、火灾自动报警系统</td></tr>
<tr><td>抗震支架</td><td colspan="7">抗震支吊架</td></tr>
<tr><td>其他</td><td colspan="7">泳池设备及系统</td></tr>
<tr><td colspan="2">室外配套</td><td colspan="7">室外跑廊：含钢梁、钢屋架、钢构件（角钢）、架空跑廊地面、架空跑廊垫层、台阶灯、电力电缆、U–PVC 管、照明配电箱 2 台；透水地砖（室外广场仿石通体广场砖、网球场、篮球场、消防车道）、停车位植草砖</td></tr>
<tr><td colspan="2">人防工程</td><td colspan="7">密闭窗、防护密闭门、密闭门、悬板式防爆波活门、人防给水工程、人防电气工程、人防暖通工程</td></tr>
</table>

工程造价指标分析表 表 1-6-6

建筑面积：22426.00m^2 经济指标：5040.63元/m^2

专业			工程造价（万元）	造价比例	经济指标（元/m^2）
建筑装饰工程			8562.53	75.75%	3818.13
机电安装工程			1665.77	14.73%	742.78
室外配套工程			934.35	8.27%	416.64
人防工程			141.47	1.25%	63.08
其中	建筑装饰工程	建筑	7307.15	64.64%	3258.34
		装修	1255.38	11.11%	559.79
	机电安装工程	电气	409.56	3.62%	182.63
		通风空调	288.89	2.56%	128.82
		给排水	119.63	1.06%	53.34
		消防	295.22	2.61%	131.64
		电梯	27.62	0.24%	12.32
		智能化	164.15	1.45%	73.19
		抗震支架	61.95	0.55%	27.62
		其他	298.75	2.64%	133.22
	室外配套工程	电气	56.74	0.50%	25.30
		道路	219.99	1.95%	98.10
		给排水	71.91	0.64%	32.07
		绿化	9.96	0.09%	4.44
		其他	575.75	5.09%	256.73
	人防工程	电气	30.09	0.26%	13.42
		给排水	3.66	0.03%	1.63
		人防门	89.95	0.80%	40.11
		暖通	17.77	0.16%	7.92

土建造价含量表　表 1-6-7

指标类型				造价含量
混凝土	主体	柱	含量（m^3/m^2）	0.08
			价格（元 /m^3）	843.50
		梁、板	含量（m^3/m^2）	0.26
			价格（元 /m^3）	733.78
		墙	含量（m^3/m^2）	0.07
			价格（元 /m^3）	765.62
		含量小计		0.41
	基础	承台	含量（m^3/m^2）	0.05
			价格（元 /m^3）	734.19
		独立基础	含量（m^3/m^2）	0.02
			价格（元 /m^3）	717.84
		其他基础	含量（m^3/m^2）	0.15
			价格（元 /m^3）	733.08
		含量小计		0.22
	其他	其他混凝土	含量（m^3/m^2）	0.02
			价格（元 /m^3）	793.31
		含量小计		0.02
	含量合计			0.65
钢筋	钢筋	钢筋	含量（kg/m^2）	84.51
			价格（元 /t）	5013.08
		含量小计		84.51
	含量合计			84.51
模板	主体	柱	含量（m^2/m^2）	0.35
			价格（元 /m^2）	84.47
		梁、板	含量（m^2/m^2）	1.41
			价格（元 /m^2）	104.66
		墙	含量（m^2/m^2）	0.43
			价格（元 /m^2）	47.96
		含量小计		2.19
	基础	其他基础	含量（m^2/m^2）	0.07
			价格（元 /m^2）	61.56
		含量小计		0.07
	其他	其他模板	含量（m^2/m^2）	0.23
			价格（元 /m^2）	89.20
		含量小计		0.23
	含量合计			2.49

机电造价含量表 表 1-6-8

专业	部位	系统	单位	总工程量	总价（万元）	百方含量	单方造价（元）
消防	消防报警末端	广播	个	246.00	3.81	1.10	1.70
		模块	个	110.00	3.50	0.49	1.56
		温感、烟感	个	769.00	15.03	3.43	6.70
		小计	—	—	22.34	—	9.96
	消防水	喷头	个	1645.00	18.77	7.34	8.37
		消火栓箱	套	82.00	3.91	0.37	1.74
		小计	—	—	22.68	—	10.11
	消防电设备	广播主机	台	3.00	4.33	0.01	1.93
		报警主机	台	8.00	5.05	0.04	2.25
		电话主机	台	1.00	1.07	0.00	0.48
		小计	—	—	10.45	—	4.66
电气	管线	电线管	m	11928.36	18.28	53.19	8.15
		电线	m	62556.71	30.76	278.95	13.72
		电缆	m	8056.70	172.14	35.93	76.76
		线槽、桥架	m	1930.25	24.86	8.61	11.08
		小计	—	—	246.04	—	109.71
	终端	开关插座	个	437.00	2.51	1.95	1.12
		泛光照明灯具	套	1448.00	71.24	6.46	31.77
		小计	—	—	73.75	—	32.89
	设备	配电箱	台	139.00	49.55	0.62	22.09
		小计	—	—	49.55	—	22.09
给排水	末端	洁具、地漏	组	234.00	8.89	1.04	3.96
		小计	—	—	8.89	—	3.96
	管线	水管	m	4373.58	41.75	19.50	18.62
		阀门	个	161.00	7.20	0.72	3.21
		小计	—	—	48.95	—	21.83
	设备	水箱	台	1.00	8.95	0.00	3.99
		泵	套	50.00	23.17	0.22	10.33
		小计	—	—	32.12	—	14.32
通风空调	保温	风阀	个	50.00	6.13	0.22	2.73
		小计	—	—	6.13	—	2.73
	末端	风口	个	216.00	7.42	0.96	3.31
		小计	—	—	7.42	—	3.31
	管线	风管	m^2	2316.60	47.18	10.33	21.04
		小计	—	—	47.18	—	21.04
	设备	空调器	台	4.00	175.55	0.02	78.28
		风机	台	41.00	30.83	0.18	13.75
		小计	—	—	206.38	—	92.03

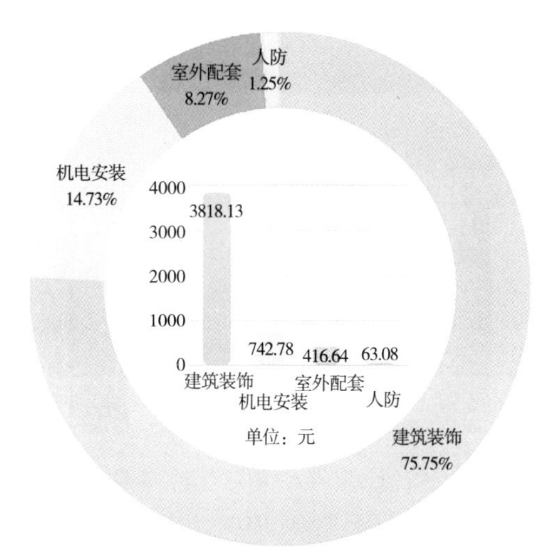

图 1-6-4　专业造价对比

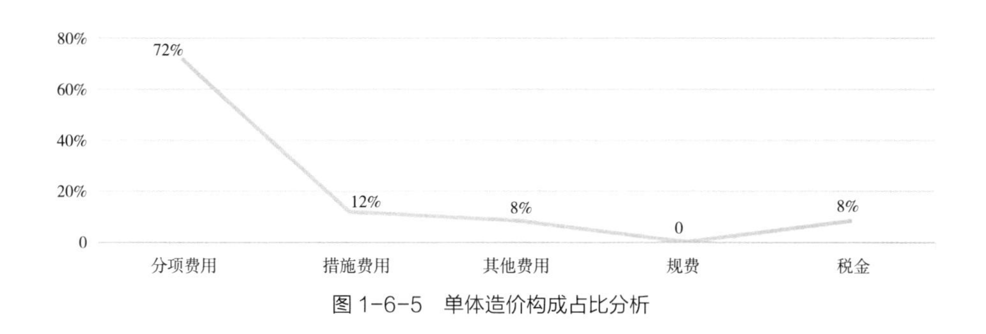

图 1-6-5　单体造价构成占比分析

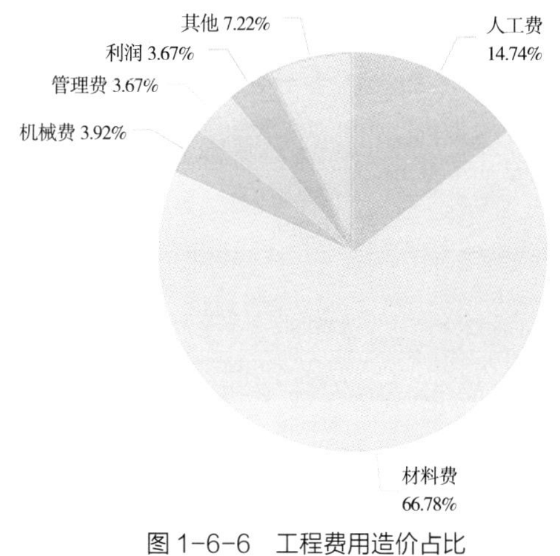

图 1-6-6　工程费用造价占比

某学校体育中心工程（2层）

工程概况表 表 1-6-9

<table>
<tr><td colspan="2" rowspan="2">计价时期</td><td>年份</td><td>2019</td><td rowspan="2">计价地区</td><td>省份</td><td>广东</td><td>建设类型</td><td colspan="2">新建</td></tr>
<tr><td>月份</td><td>4</td><td>城市</td><td>广州</td><td>工程造价（万元）</td><td colspan="2">4512.22</td></tr>
<tr><td colspan="2">专业类别</td><td colspan="2">房建工程</td><td>工程类别</td><td colspan="2">教育建筑</td><td rowspan="2">计价依据</td><td>清单</td><td>2013</td></tr>
<tr><td colspan="2">计税模式</td><td colspan="2">增值税</td><td>建筑物类型</td><td colspan="2">体育馆</td><td>定额</td><td>2018</td></tr>
<tr><td colspan="2" rowspan="2">建筑面积（m^2）</td><td>±0.00 以下</td><td>432.60</td><td rowspan="2">高度（m）</td><td>±0.00 以下</td><td>5.40</td><td rowspan="2">层数</td><td>±0.00 以下</td><td>1</td></tr>
<tr><td>±0.00 以上</td><td>12236.80</td><td>±0.00 以上</td><td>22.30</td><td>±0.00 以上</td><td>2</td></tr>
<tr><td rowspan="8">建筑装饰工程</td><td>结构形式</td><td colspan="8">现浇钢筋混凝土结构</td></tr>
<tr><td>砌体 / 隔墙</td><td colspan="8">加气混凝土砌块</td></tr>
<tr><td>屋面工程</td><td colspan="8">防滑砖、改性沥青防水卷材、聚苯乙烯泡沫保温板</td></tr>
<tr><td>楼地面</td><td colspan="8">水泥自流平楼地面、600mm×600mm 防静电地板、600mm×600mm 防滑砖、600mm×150mm 陶瓷砖、木地板、600mm×600mm 亚光面砖</td></tr>
<tr><td>天棚</td><td colspan="8">8mm 铝扣板吊顶、石膏板吊顶、无机涂料</td></tr>
<tr><td>内墙面</td><td colspan="8">无机涂料、木质防火吸声板、300mm×600mm 亚光面砖</td></tr>
<tr><td>外墙面</td><td colspan="8">4.45mm×90mm 条纹砖、陶瓷砖、60mm×240mm 劈开砖、真石漆</td></tr>
<tr><td>门窗</td><td colspan="8">钢质防火门、铝合金窗（6Low-E+12A+6mm 钢化中空玻璃）、木质夹板门</td></tr>
<tr><td rowspan="6">机电安装工程</td><td>电气</td><td colspan="8">配电箱 54 台</td></tr>
<tr><td>给排水</td><td colspan="8">冷热水系统：不锈钢管、PPR 管；排水系统：涂塑钢管、U-PVC 管、HEPE 管</td></tr>
<tr><td>通风空调</td><td colspan="8">风管式多联式空调机（内外）331 台、管道排风机 22 台</td></tr>
<tr><td>智能化</td><td colspan="8">有线电视系统、空调自控系统、综合布线系统、视频监控系统、门禁系统</td></tr>
<tr><td>消防</td><td colspan="8">喷淋系统、消火栓系统、火灾自动报警系统、防火门监控系统、消防设备电源监控系统、电气火灾监控系统</td></tr>
<tr><td>其他</td><td colspan="8">泳池设备及系统</td></tr>
</table>

工程造价指标分析表 表 1-6-10

建筑面积：12669.40m² 经济指标：3561.51元/m²

<table>
<tr><td colspan="3">专业</td><td>工程造价（万元）</td><td>造价比例</td><td>经济指标（元/m²）</td></tr>
<tr><td colspan="3">建筑装饰工程</td><td>3129.26</td><td>69.35%</td><td>2469.93</td></tr>
<tr><td colspan="3">机电安装工程</td><td>1382.96</td><td>30.65%</td><td>1091.58</td></tr>
<tr><td rowspan="4">其中</td><td rowspan="2">建筑装饰工程</td><td>建筑</td><td>2332.46</td><td>51.69%</td><td>1841.01</td></tr>
<tr><td>装修</td><td>796.80</td><td>17.66%</td><td>628.92</td></tr>
<tr><td rowspan="2">机电安装工程</td><td>电气</td><td>288.25</td><td>6.39%</td><td>227.52</td></tr>
<tr><td>通风空调</td><td>655.63</td><td>14.53%</td><td>517.49</td></tr>
</table>

续表

专业			工程造价（万元）	造价比例	经济指标（元/m^2）
其中	机电安装工程	给排水	168.73	3.74%	133.18
		消防	147.81	3.28%	116.67
		智能化	33.52	0.74%	26.46
		其他	89.02	1.97%	70.26

土建造价含量表 **表 1-6-11**

指标类型				造价含量
混凝土	主体	柱	含量（m^3/m^2）	0.08
			价格（元/m^3）	792.90
		梁、板	含量（m^3/m^2）	0.28
			价格（元/m^3）	687.06
		墙	含量（m^3/m^2）	0.01
			价格（元/m^3）	724.42
		含量小计		0.37
	基础	承台	含量（m^3/m^2）	0.04
			价格（元/m^3）	681.27
		其他基础	含量（m^3/m^2）	0.01
			价格（元/m^3）	680.32
		含量小计		0.05
	其他	其他混凝土	含量（m^3/m^2）	0.05
			价格（元/m^3）	713.77
		含量小计		0.05
	含量合计			0.47
钢筋	钢筋	钢筋	含量（kg/m^2）	67.23
			价格（元/t）	5245.00
		含量小计		67.23
	含量合计			67.23
模板	主体	柱	含量（m^2/m^2）	0.41
			价格（元/m^2）	75.54
		梁、板	含量（m^2/m^2）	1.64
			价格（元/m^2）	87.83
		墙	含量（m^2/m^2）	0.07
			价格（元/m^2）	50.10
		含量小计		2.12
	其他	其他模板	含量（m^2/m^2）	0.54
			价格（元/m^2）	95.70
		含量小计		0.54
	含量合计			2.66

机电造价含量表　　表 1-6-12

专业	部位	系统	单位	总工程量	总价（万元）	百方含量	单方造价（元）
消防	消防报警末端	广播	个	59.00	0.68	0.47	0.54
		模块	个	96.00	2.95	0.76	2.33
		温感、烟感	个	158.00	2.73	1.25	2.15
		小计	—	—	6.36	—	5.02
	消防水	喷头	个	776.00	7.55	6.12	5.96
		消火栓箱	套	40.00	6.77	0.32	5.34
		小计	—	—	14.32	—	11.30
	消防电设备	广播主机	台	1.00	0.31	0.01	0.24
		报警主机	台	2.00	2.88	0.02	2.27
		小计	—	—	3.19	—	2.51
电气	管线	电线管	m	21068.85	46.38	166.30	36.61
		电线	m	47386.20	22.99	374.02	18.14
		电缆	m	7244.51	102.62	57.18	81.00
		线槽、桥架	m	674.52	20.65	5.32	16.30
		小计	—	—	192.64	—	152.05
	终端	开关插座	个	404.00	1.61	3.19	1.27
		泛光照明灯具	套	1597.14	29.49	12.61	23.28
		小计	—	—	31.10	—	24.55
	设备	配电箱	台	54.00	18.43	0.43	14.55
		小计	—	—	18.43	—	14.55
给排水	末端	洁具、地漏	组	307.00	7.23	2.42	5.71
		小计	—	—	7.23	—	5.71
	管线	水管	m	7186.02	77.24	56.72	60.97
		阀门	个	111.00	11.81	0.88	9.32
		小计	—	—	89.05	—	70.29
	设备	水箱	台	1.00	13.25	0.01	10.46
		泵	套	2.00	2.57	0.02	2.03
		小计	—	—	15.82	—	12.49
通风空调	保温	风阀	个	219.00	13.92	1.73	10.99
		小计	—	—	13.92	—	10.99
	末端	风口	个	1176.00	27.09	9.28	21.39
		小计	—	—	27.09	—	21.39
	管线	风管	m^2	2806.97	56.02	22.16	44.22
		小计	—	—	56.02	—	44.22
	设备	冷水机组	台	2.00	180.47	0.02	142.44
		泵	套	3.00	2.65	0.02	2.09
		空调器	台	335.00	250.58	2.64	197.78
		风机	台	36.00	20.45	0.28	16.14
		小计	—	—	454.15	—	358.45

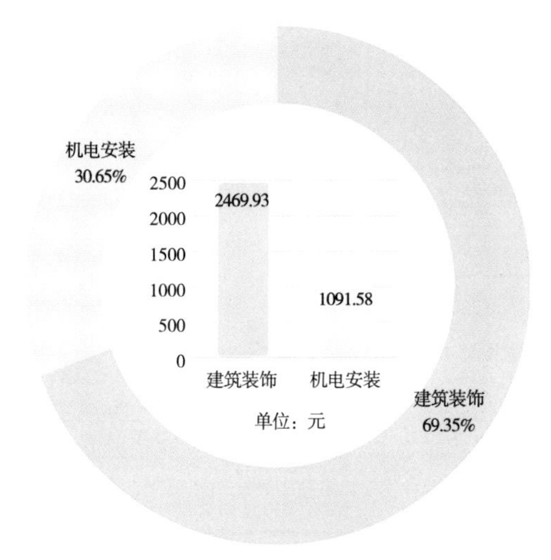

图 1-6-7　专业造价对比

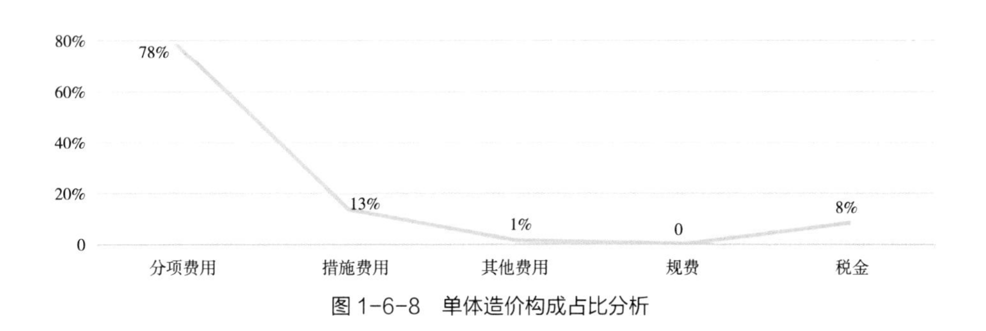

图 1-6-8　单体造价构成占比分析

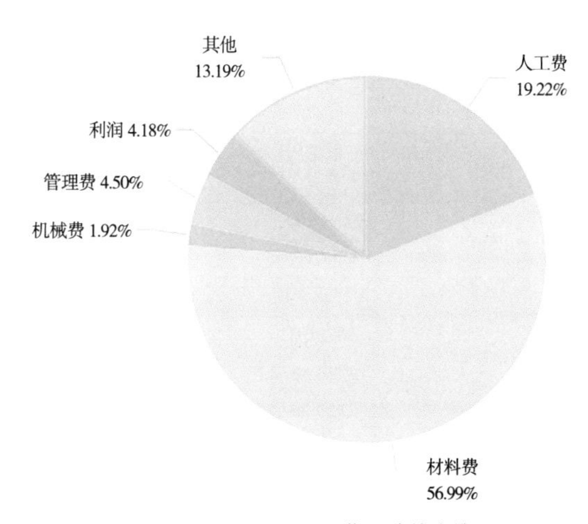

图 1-6-9　工程费用造价占比

某体育馆工程（4层）

工程概况表 表 1-6-13

<table>
<tr><td colspan="2" rowspan="2">计价时期</td><td>年份</td><td>2020</td><td rowspan="2">计价地区</td><td>省份</td><td>广东</td><td>建设类型</td><td colspan="2">新建</td></tr>
<tr><td>月份</td><td>3</td><td>城市</td><td>佛山</td><td>工程造价（万元）</td><td colspan="2">34200.06</td></tr>
<tr><td colspan="2">专业类别</td><td colspan="2">房建工程</td><td>工程类别</td><td colspan="2">体育建筑</td><td rowspan="2">计价依据</td><td>清单</td><td>2013</td></tr>
<tr><td colspan="2">计税模式</td><td colspan="2">增值税</td><td>建筑物类型</td><td colspan="2">体育馆</td><td>定额</td><td>2018</td></tr>
<tr><td colspan="2" rowspan="2">建筑面积（m²）</td><td>±0.00 以下</td><td>0</td><td rowspan="2">高度（m）</td><td>±0.00 以下</td><td>0</td><td rowspan="2">层数</td><td>±0.00 以下</td><td>0</td></tr>
<tr><td>±0.00 以上</td><td>28869.70</td><td>±0.00 以上</td><td>36.24</td><td>±0.00 以上</td><td>4</td></tr>
<tr><td rowspan="8">建筑装饰工程</td><td>基础</td><td colspan="8">φ1200mm/1000mm/800mm 泥浆护壁成孔灌注桩</td></tr>
<tr><td>结构形式</td><td colspan="8">钢结构</td></tr>
<tr><td>砌体 / 隔墙</td><td colspan="8">蒸压加气混凝土砌块</td></tr>
<tr><td>屋面工程</td><td colspan="8">高分子防水涂料</td></tr>
<tr><td>楼地面</td><td colspan="8">聚氨酯地板漆（看台、踢面）、23mm 微晶石楼地面、大理石楼地面、防滑防尘地坪漆、600mm×600mm 仿古砖、600mm×600mm 防滑砖（楼梯间）、地毯楼地面、600mm×600mm 防静电地板</td></tr>
<tr><td>天棚</td><td colspan="8">铝扣板吊顶</td></tr>
<tr><td>内墙面</td><td colspan="8">木饰面、仿古砖（防水）、2.8mm 硅酸钙穿孔吸声板、内墙涂料、2.5mm 铝合金板、皮革软包</td></tr>
<tr><td>外墙面</td><td colspan="8">仿清水混凝土涂料、铝板幕墙（氟碳喷涂穿孔铝板）、外墙涂料、玻璃幕墙（TP6+1.52PVB+TP6Low-E+12A+TP8mm、TP8+1.52PVB+TP8Low-E+12A+TP10mm 热弯钢化中空夹胶玻璃、HS8+1.52PVB+HS8Low-E+12A+TP10mm 超白钢化中空夹胶玻璃）、LED 光电玻璃幕墙</td></tr>
<tr><td></td><td>门窗</td><td colspan="8">钢质防火门、铝合金窗（热弯钢化中空夹胶玻璃）、木质门、防火卷帘门、铝合金百叶窗</td></tr>
<tr><td rowspan="5">机电安装工程</td><td>电气</td><td colspan="8">配电箱 129 台、高低压配电柜 8 台</td></tr>
<tr><td>给排水</td><td colspan="8">冷水系统：不锈钢管、PPR 管；排水系统：U-PVC 管</td></tr>
<tr><td>通风空调</td><td colspan="8">水冷变频离心冷水机组 3 台、卧式端吸离心冷却水泵 10 台、组合式空调器 20 台、多联空调室内机 110 台</td></tr>
<tr><td>智能化</td><td colspan="8">综合布线系统、赛事网系统、公共网系统、智能网系统、有线电视系统品、会议系统、公共广播系统、建筑设备监控系统、智能照明控制系统、电力监控系统、建筑能效监管系统、视频安防监控系统、出入口控制系统、入侵报警系统、无线对讲与电子巡更系统、电梯多方通话系统、应急响应系统、综合安防管理系统、智能化集成系统、体育馆 LED 显示屏系统、信息显示及控制系统、场地照明及控制系统、场地扩声系统、售检票系统、标准时钟系统、自动升旗系统、计时记分及现场成绩处理系统、电视转播及现场评论布线系统、现场影像采集与回放系统、比赛设备集成管理系统、集中控制型疏散照明系统</td></tr>
<tr><td>消防</td><td colspan="8">气体灭火系统、大空间灭火系统、自动喷淋系统、消火栓系统、火灾自动报警系统</td></tr>
</table>

工程造价指标分析表 表 1-6-14

建筑面积：28869.70m² 经济指标：11846.35元/m²

<table>
<tr><td colspan="3">专业</td><td>工程造价（万元）</td><td>造价比例</td><td>经济指标（元/m²）</td></tr>
<tr><td colspan="3">建筑装饰工程</td><td>24603.99</td><td>71.94%</td><td>8522.43</td></tr>
<tr><td colspan="3">机电安装工程</td><td>9596.06</td><td>28.06%</td><td>3323.92</td></tr>
<tr><td rowspan="7">其中</td><td rowspan="2">建筑装饰工程</td><td>建筑</td><td>21548.89</td><td>63.01%</td><td>7464.19</td></tr>
<tr><td>装修</td><td>3055.10</td><td>8.93%</td><td>1058.24</td></tr>
<tr><td rowspan="5">机电安装工程</td><td>电气</td><td>2328.88</td><td>6.81%</td><td>806.69</td></tr>
<tr><td>通风空调</td><td>2150.29</td><td>6.29%</td><td>744.83</td></tr>
<tr><td>给排水</td><td>165.23</td><td>0.48%</td><td>57.23</td></tr>
<tr><td>消防</td><td>872.42</td><td>2.55%</td><td>302.19</td></tr>
<tr><td>智能化</td><td>4079.24</td><td>11.93%</td><td>1412.98</td></tr>
</table>

土建造价含量表　　　　表 1-6-15

指标类型				造价含量
混凝土	主体	柱	含量（m^3/m^2）	0.08
			价格（元 /m^3）	854.07
		梁、板	含量（m^3/m^2）	0.17
			价格（元 /m^3）	732.21
		墙	含量（m^3/m^2）	0.01
			价格（元 /m^3）	776.67
		含量小计		0.26
	基础	承台	含量（m^3/m^2）	0.03
			价格（元 /m^3）	724.33
		其他基础	含量（m^3/m^2）	0.10
			价格（元 /m^3）	724.47
		含量小计		0.13
	其他	其他混凝土	含量（m^3/m^2）	0.05
			价格（元 /m^3）	805.50
		含量小计		0.05
	含量合计			0.44
钢筋	钢筋	钢筋	含量（kg/m^2）	142.33
			价格（元 /t）	5211.11
		含量小计		142.33
	含量合计			142.33
模板	主体	柱	含量（m^2/m^2）	0.27
			价格（元 /m^2）	87.91
		梁、板	含量（m^2/m^2）	1.49
			价格（元 /m^2）	93.99
		墙	含量（m^2/m^2）	0.07
			价格（元 /m^2）	51.98
		含量小计		1.83
	基础	其他基础	含量（m^2/m^2）	0.11
			价格（元 /m^2）	41.38
		含量小计		0.11
	其他	其他模板	含量（m^2/m^2）	0.32
			价格（元 /m^2）	74.74
		含量小计		0.32
	含量合计			2.26

机电造价含量表 表 1-6-16

专业	部位	系统	单位	总工程量	总价（万元）	百方含量	单方造价（元）
消防	消防报警末端	模块	个	839.00	25.76	2.91	8.92
		温感、烟感	个	602.00	58.08	2.09	20.12
		小计	—	—	83.84	—	29.04
	消防水	喷头	个	5617.00	56.48	19.46	19.56
		消火栓箱	套	81.00	26.72	0.28	9.26
		小计	—	—	83.20	—	28.82
	消防电设备	报警主机	台	63.00	56.80	0.22	19.68
		小计	—	—	56.80	—	19.68
电气	管线	母线	m	156.00	38.14	0.54	13.21
		电线管	m	4212.00	7.75	14.59	2.68
		电线	m	257471.00	108.02	891.84	37.42
		电缆	m	33939.18	583.90	117.56	202.25
		小计	—	—	737.81	—	255.56
	终端	开关插座	个	1534.00	5.36	5.31	1.86
		泛光照明灯具	套	1847.00	830.04	6.40	287.51
		小计	—	—	835.40	—	289.37
	设备	配电箱	台	129.00	137.66	0.45	47.68
		高低压配电柜	台	8.00	30.52	0.03	10.57
		小计	—	—	168.18	—	58.25
给排水	末端	洁具、地漏	组	527.00	50.52	1.83	17.50
		小计	—	—	50.52	—	17.50
	管线	水管	m	4089.74	45.73	14.17	15.84
		阀门	个	147.00	10.53	0.51	3.65
		小计	—	—	56.26	—	19.49
	设备	水箱	台	2.00	8.35	0.01	2.89
		泵	套	7.00	11.45	0.02	3.97
		小计	—	—	19.80	—	6.86
通风空调	保温	风阀	个	859.00	117.21	2.98	40.60
		小计	—	—	117.21	—	40.60
	末端	风口	个	1528.00	83.52	5.29	28.93
		风机盘管	台	48.00	9.31	0.17	3.22
		小计	—	—	92.83	—	32.15
	管线	风管	m^2	21001.50	611.45	72.75	211.80
		小计	—	—	611.45	—	211.80
	设备	冷却塔	台	5.00	68.71	0.02	23.80
		冷水机组	台	3.00	256.56	0.01	88.87
		泵	套	10.00	30.38	0.03	10.52
		空调器	台	133.00	329.71	0.46	114.21
		风机	台	130.00	63.75	0.45	22.08
		小计	—	—	749.11	—	259.48

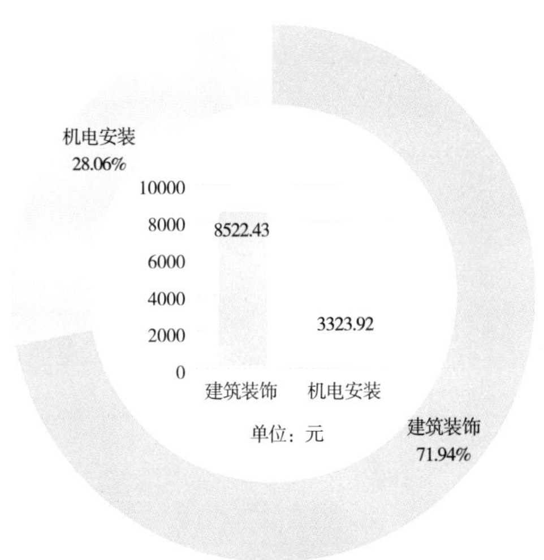

图1-6-10　专业造价对比

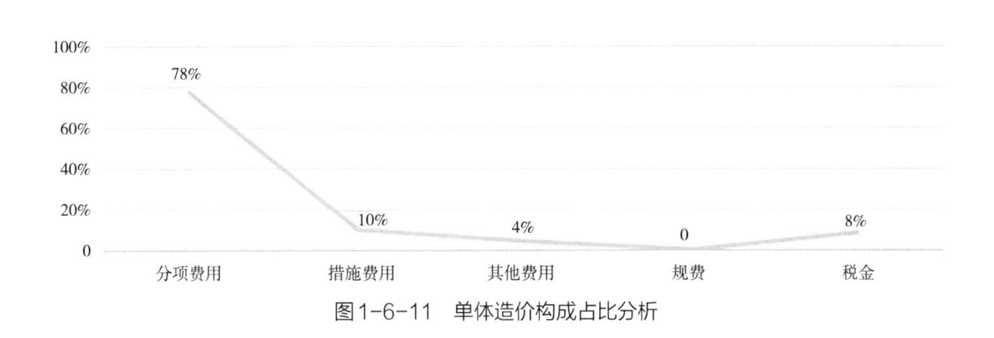

图1-6-11　单体造价构成占比分析

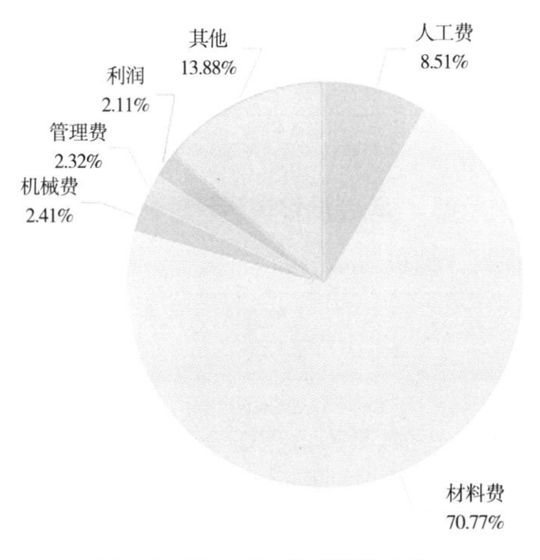

图1-6-12　工程费用造价占比

第七节　卫生建筑

某医技楼工程（9层）

工程概况表　　表 1-7-1

计价时期	年份	2020	计价地区	省份	广东	建设类型	新建	
	月份	10		城市	清远	工程造价（万元）	4113.91	
专业类别	房建工程		工程类别	卫生建筑		计价依据	清单	2013
计税模式	增值税		建筑物类型	医技楼			定额	2010
建筑面积（m^2）	±0.00 以下	0	高度（m）	±0.00 以下	0	层数	±0.00 以下	0
	±0.00 以上	13564.40		±0.00 以上	39.60		±0.00 以上	9
建筑装饰工程	基础	泥浆护壁成孔灌注桩						
	结构形式	现浇钢筋混凝土结构						
	砌体 / 隔墙	石粉水泥砖、蒸压加气混凝土砌块						
	屋面工程	高密度聚乙烯胶膜防水卷材、聚合物水泥防水涂料						
	楼地面	大理石楼地面、防滑砖、PVC 卷材地胶板						
	天棚	钙塑板吊顶、铝扣板吊顶						
	内墙面	大理石墙面、乳胶漆、铝塑板、抛釉砖、陶瓷砖						
	外墙面	45mm × 45mm 陶瓷砖						
	门窗	铝合金门、铝合金窗（钢化玻璃）、钢质防火门						
机电安装工程	电气	配电箱 263 台						
	给排水	冷热水系统：钢塑复合管、PPR 管；排水系统：U–PVC 管						
	通风空调	通风机 4 台						
	智能化	公共广播系统、有线电视系统、综合布线系统、视频监控系统						
	消防	喷淋系统、消火栓系统、消防设备电源监控系统、电气火灾监控系统、自动报警系统、防火门监控系统						

工程造价指标分析表　　表 1-7-2

建筑面积：13564.40m²　　经济指标：3032.87元/m²

专业			工程造价（万元）	造价比例	经济指标（元 /m²）
建筑装饰工程			2926.69	71.14%	2157.63
机电安装工程			1187.22	28.86%	875.24
其中	建筑装饰工程	建筑	2100.73	51.06%	1548.71
		装修	825.96	20.08%	608.92

续表

专业			工程造价（万元）	造价比例	经济指标（元/m²）
其中	机电安装工程	电气	435.79	10.59%	321.27
		通风空调	85.74	2.08%	63.21
		给排水	230.77	5.61%	170.13
		消防	158.78	3.86%	117.06
		智能化	29.19	0.71%	21.52
		其他	21.40	0.52%	15.77
		措施、其他费用	225.55	5.49%	166.28

土建造价含量表　　表 1-7-3

指标类型				造价含量
混凝土	主体	柱	含量（m³/m²）	0.09
			价格（元/m³）	578.66
		梁、板	含量（m³/m²）	0.23
			价格（元/m³）	534.53
		墙	含量（m³/m²）	0.01
			价格（元/m³）	558.31
		含量小计		0.33
	基础	承台	含量（m³/m²）	0.02
			价格（元/m³）	548.89
		其他基础	含量（m³/m²）	0.01
			价格（元/m³）	548.90
		含量小计		0.03
	其他	其他混凝土	含量（m³/m²）	0.01
			价格（元/m³）	574.33
		含量小计		0.01
	含量合计			0.37
钢筋	钢筋	钢筋	含量（kg/m²）	52.41
			价格（元/t）	5307.24
		含量小计		52.41
	含量合计			52.41
模板	主体	柱	含量（m²/m²）	0.33
			价格（元/m²）	56.39
		梁、板	含量（m²/m²）	1.63
			价格（元/m²）	61.69
		墙	含量（m²/m²）	0.19
			价格（元/m²）	39.06
		含量小计		2.15
	基础	其他基础	含量（m²/m²）	0.06
			价格（元/m²）	41.04
		含量小计		0.06
	其他	其他模板	含量（m²/m²）	0.72
			价格（元/m²）	59.00
		含量小计		0.72
	含量合计			2.93

机电造价含量表 表 1-7-4

专业	部位	系统	单位	总工程量	总价（万元）	百方含量	单方造价（元）
消防	消防报警末端	广播	个	59.00	0.80	0.43	0.59
		模块	个	229.00	7.14	1.69	5.27
		温感、烟感	个	689.00	7.82	5.08	5.77
		小计	—	—	15.76	—	11.63
	消防水	喷头	个	1827.00	11.93	13.47	8.79
		消火栓箱	套	69.00	4.65	0.51	3.43
		小计	—	—	16.58	—	12.22
	消防电设备	报警主机	台	4.00	9.60	0.03	7.08
		小计	—	—	9.60	—	7.08
电气	管线	电线管	m	30707.70	64.47	226.38	47.53
		电线	m	71808.99	30.36	529.39	22.38
		电缆	m	12365.46	140.86	91.16	103.85
		线槽、桥架	m	1045.13	16.14	7.70	11.90
		小计	—	—	251.83	—	185.66
	终端	开关插座	个	2316.00	11.96	17.07	8.82
		泛光照明灯具	套	3942.40	89.52	29.06	65.99
		小计	—	—	101.48	—	74.81
	设备	配电箱	台	263.00	62.78	1.94	46.28
		小计	—	—	62.78	—	46.28
给排水	末端	洁具、地漏	组	1346.00	33.05	9.92	24.36
		小计	—	—	33.05	—	24.36
	管线	水管	m	13039.58	69.03	96.13	50.89
		阀门	个	1560.00	32.64	11.50	24.06
		小计	—	—	101.67	—	74.95
	设备	水箱	台	2.00	2.07	0.01	1.53
		泵	套	12.00	14.93	0.09	11.01
		小计	—	—	17.00	—	12.54
通风空调	保温	风阀	个	199.00	6.78	1.47	5.00
		小计	—	—	6.78	—	5.00
	末端	风口	个	233.00	6.09	1.72	4.49
		小计	—	—	6.09	—	4.49
	管线	风管	m^2	2827.56	45.78	20.85	33.75
		小计	—	—	45.78	—	33.75
	设备	风机	台	22.00	7.74	0.16	5.71
		小计	—	—	7.74	—	5.71

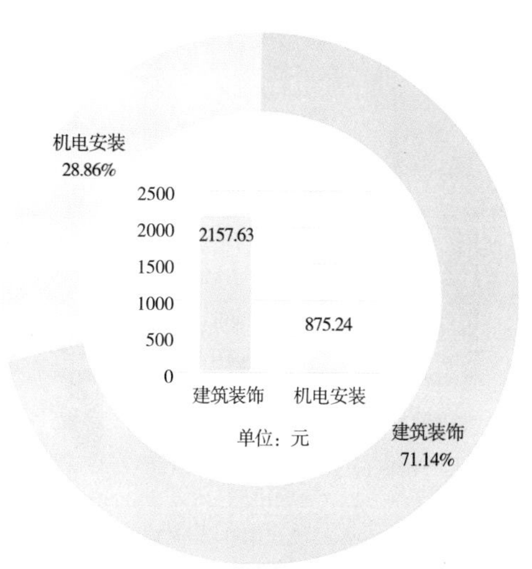

图 1-7-1　专业造价对比

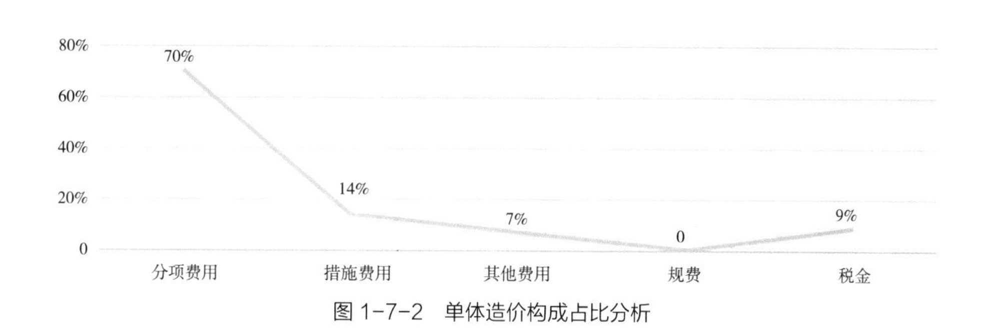

图 1-7-2　单体造价构成占比分析

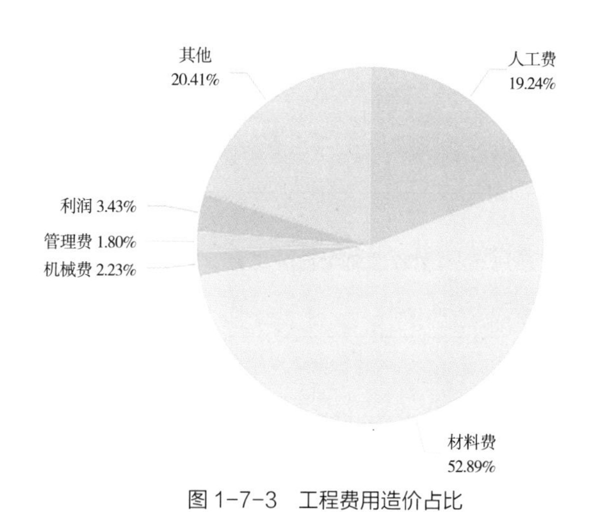

图 1-7-3　工程费用造价占比

某医技楼工程（15 层）

工程概况表 表 1-7-5

<table>
<tr><td rowspan="2">计价时期</td><td>年份</td><td>2018</td><td rowspan="2">计价地区</td><td>省份</td><td>广东</td><td>建设类型</td><td colspan="2">新建</td></tr>
<tr><td>月份</td><td>9</td><td>城市</td><td>佛山</td><td>工程造价（万元）</td><td colspan="2">13549.98</td></tr>
<tr><td>专业类别</td><td colspan="2">房建工程</td><td>工程类别</td><td colspan="2">卫生建筑</td><td rowspan="2">计价依据</td><td>清单</td><td>2013</td></tr>
<tr><td>计税模式</td><td colspan="2">增值税</td><td>建筑物类型</td><td colspan="2">医技楼</td><td>定额</td><td>2010</td></tr>
<tr><td rowspan="2">建筑面积（m²）</td><td>±0.00 以下</td><td>11837.91</td><td rowspan="2">高度（m）</td><td>±0.00 以下</td><td>9.60</td><td rowspan="2">层数</td><td>±0.00 以下</td><td>2</td></tr>
<tr><td>±0.00 以上</td><td>30164.76</td><td>±0.00 以上</td><td>66.50</td><td>±0.00 以上</td><td>15</td></tr>
<tr><td rowspan="8">建筑装饰工程</td><td>结构形式</td><td colspan="7">现浇钢筋混凝土结构</td></tr>
<tr><td>砌体 / 隔墙</td><td colspan="7">蒸压加气混凝土砌块</td></tr>
<tr><td>屋面工程</td><td colspan="7">改性沥青防水卷材、聚苯乙烯泡沫保温板</td></tr>
<tr><td>楼地面</td><td colspan="7">橡胶板、防滑砖、800mm×800mm 大理石楼地面</td></tr>
<tr><td>天棚</td><td colspan="7">铝扣板吊顶、乳胶漆</td></tr>
<tr><td>内墙面</td><td colspan="7">450mm×300mm 釉面砖、乳胶漆、600mm×600mm 抛光砖、木纹树脂板</td></tr>
<tr><td>外墙面</td><td colspan="7">陶瓷砖、铝板</td></tr>
<tr><td>门窗</td><td colspan="7">钢质防火门、铝合金窗、塑钢门</td></tr>
<tr><td rowspan="6">机电安装工程</td><td>电气</td><td colspan="7">配电箱 769 台、高低压配电柜 40 台</td></tr>
<tr><td>给排水</td><td colspan="7">冷热水系统：PPR 管；排水系统：U-PVC 管、铸铁管</td></tr>
<tr><td>通风空调</td><td colspan="7">板管蒸发冷却式螺杆冷热水机组 3 台、柜式离心风机 22 台、轴流风机 19 台</td></tr>
<tr><td>智能化</td><td colspan="7">综合布线系统、有线电视系统、网络系统、监控系统、无线对讲系统、停车场管理系统</td></tr>
<tr><td>电梯</td><td colspan="7">电梯 6 部</td></tr>
<tr><td>消防</td><td colspan="7">火灾自动报警系统、喷淋系统、消火栓系统</td></tr>
<tr><td colspan="2">人防工程</td><td colspan="7">钢结构双扇防护密闭门、钢结构双扇防护密闭隔门、钢筋混凝土单扇防护密闭门、钢筋混凝土单扇密闭门</td></tr>
</table>

工程造价指标分析表 表 1-7-6

建筑面积：42002.67m² 经济指标：3225.99元/m²

专业	工程造价（万元）	造价比例	经济指标（元 /m²）
建筑装饰工程	9114.76	67.27%	2170.05
机电安装工程	3988.74	29.44%	949.64

续表

专业			工程造价（万元）	造价比例	经济指标（元/m^2）
人防工程			446.48	3.29%	106.30
其中	建筑装饰工程	建筑	6061.34	44.74%	1443.09
		装修	3053.42	22.53%	726.96
	机电安装工程	电气	1248.46	9.22%	297.24
		通风空调	1150.83	8.49%	273.99
		给排水	334.99	2.47%	79.75
		消防	627.95	4.64%	149.50
		电梯	269.14	1.99%	64.08
		智能化	205.19	1.51%	48.85
		其他	152.18	1.12%	36.23
	人防工程	电气	36.68	0.27%	8.73
		给排水	8.32	0.06%	1.98
		人防门	401.48	2.96%	95.59

土建造价含量表　　**表 1-7-7**

指标类型				造价含量
混凝土	主体	柱	含量（m^3/m^2）	0.07
			价格（元/m^3）	719.09
		梁、板	含量（m^3/m^2）	0.18
			价格（元/m^3）	638.51
		墙	含量（m^3/m^2）	0.04
			价格（元/m^3）	695.93
		含量小计		0.29
	基础	承台	含量（m^3/m^2）	0.01
			价格（元/m^3）	671.54
		其他基础	含量（m^3/m^2）	0.13
			价格（元/m^3）	618.03
		含量小计		0.14
	其他	其他混凝土	含量（m^3/m^2）	0.01
			价格（元/m^3）	907.02
		含量小计		0.01
	含量合计			0.44

续表

指标类型				造价含量
钢筋	钢筋	钢筋	含量（kg/m^2）	62.96
			价格（元/t）	5515.03
		含量小计		62.96
	含量合计			62.96
模板	主体	柱	含量（m^2/m^2）	0.31
			价格（元/m^2）	56.59
		梁、板	含量（m^2/m^2）	1.39
			价格（元/m^2）	65.13
		墙	含量（m^2/m^2）	0.39
			价格（元/m^2）	40.02
		含量小计		2.09
	基础	其他基础	含量（m^2/m^2）	0.04
			价格（元/m^2）	43.15
		含量小计		0.04
	其他	其他模板	含量（m^2/m^2）	0.65
			价格（元/m^2）	61.57
		含量小计		0.65
	含量合计			2.78

机电造价含量表 表 1-7-8

专业	部位	系统	单位	总工程量	总价（万元）	百方含量	单方造价（元）
消防	消防报警末端	广播	个	163.00	1.18	0.39	0.28
		模块	个	716.00	18.34	1.70	4.37
		温感、烟感	个	1750.00	20.03	4.17	4.77
		小计	—	—	39.55	—	9.42
	消防水	喷头	个	5999.00	31.65	14.28	7.53
		泵	套	9.00	10.63	0.02	2.53
		消火栓箱	套	199.00	19.34	0.47	4.61
		小计	—	—	61.62	—	14.67
	消防电设备	报警主机	台	1.00	11.99	0.00	2.85
		小计	—	—	11.99	—	2.85

续表

专业	部位	系统	单位	总工程量	总价（万元）	百方含量	单方造价（元）
电气	管线	母线	m	1002.06	179.66	2.39	42.77
		电线管	m	50609.62	77.80	120.49	18.52
		电线	m	148582.27	46.54	353.75	11.08
		电缆	m	32466.31	197.94	77.30	47.13
		线槽、桥架	m	6056.40	54.20	14.42	12.91
		小计	—	—	556.14	—	132.41
	终端	开关插座	个	3191.00	15.67	7.60	3.73
		泛光照明灯具	套	3902.00	69.19	9.29	16.47
		小计	—	—	84.86	—	20.20
	设备	发电机	台	1.00	70.73	0.00	16.84
		配电箱	台	729.00	77.85	1.74	18.53
		高低压配电柜	台	40.00	262.31	0.10	62.45
		小计	—	—	410.89	—	97.82
给排水	末端	洁具、地漏	组	909.00	21.65	2.16	5.15
		小计	—	—	21.65	—	5.15
	管线	水管	m	14614.99	198.81	34.80	47.33
		阀门	个	471.00	14.39	1.12	3.43
		小计	—	—	213.20	—	50.76
	设备	水箱	台	2.00	13.88	0.00	3.30
		泵	套	8.00	4.32	0.02	1.03
		小计	—	—	18.20	—	4.33
通风空调	保温	风阀	个	727.00	17.40	1.73	4.14
		小计	—	—	17.40	—	4.14
	末端	风口	个	1360.88	43.02	3.24	10.24
		风机盘管	台	452.00	46.49	1.08	11.07
		小计	—	—	89.51	—	21.31
	管线	风管	m^2	19379.90	424.58	46.14	101.09
		小计	—	—	424.58	—	101.09
	设备	冷水机组	台	3.00	304.78	0.01	72.56
		泵	套	6.00	8.69	0.01	2.07
		空调器	台	179.00	24.76	0.43	5.89
		风机	台	58.00	54.68	0.14	13.02
		小计	—	—	392.91	—	93.54

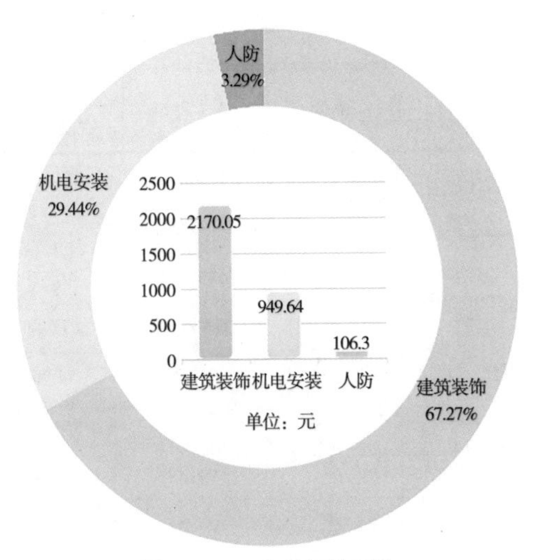

图 1-7-4　专业造价对比

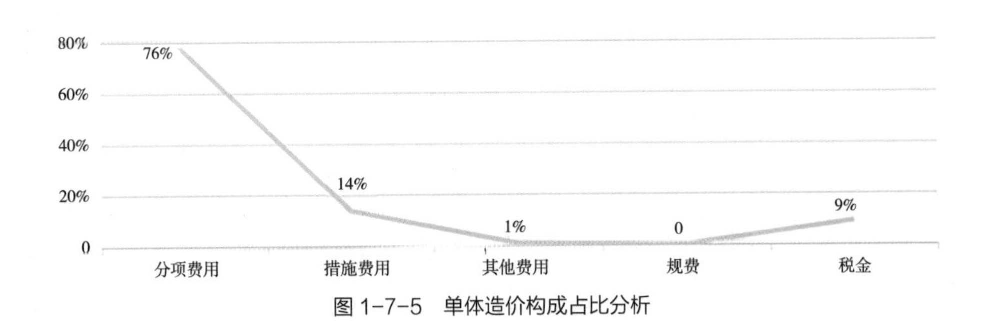

图 1-7-5　单体造价构成占比分析

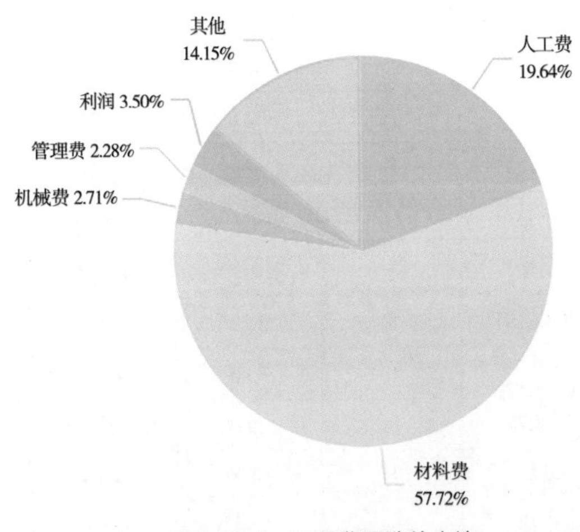

图 1-7-6　工程费用造价占比

某住院楼工程（17层）

工程概况表　　　　表 1-7-9

<table>
<tr><td rowspan="2">计价时期</td><td>年份</td><td>2018</td><td rowspan="2">计价地区</td><td>省份</td><td>广东</td><td>建设类型</td><td colspan="2">新建</td></tr>
<tr><td>月份</td><td>2</td><td>城市</td><td>广州</td><td>工程造价（万元）</td><td colspan="2">29446.07</td></tr>
<tr><td>专业类别</td><td colspan="2">房建工程</td><td>工程类别</td><td colspan="2">卫生建筑</td><td rowspan="2">计价依据</td><td>清单</td><td>2013</td></tr>
<tr><td>计税模式</td><td colspan="2">增值税</td><td>建筑物类型</td><td colspan="2">住院楼</td><td>定额</td><td>2010</td></tr>
<tr><td rowspan="2">建筑面积（m^2）</td><td>±0.00 以下</td><td>0</td><td rowspan="2">高度（m）</td><td>±0.00 以下</td><td>0</td><td rowspan="2">层数</td><td>±0.00 以下</td><td>0</td></tr>
<tr><td>±0.00 以上</td><td>69374.09</td><td>±0.00 以上</td><td>71.00</td><td>±0.00 以上</td><td>17</td></tr>
<tr><td rowspan="8">建筑装饰工程</td><td>结构形式</td><td colspan="7">现浇钢筋混凝土结构</td></tr>
<tr><td>砌体 / 隔墙</td><td colspan="7">蒸压加气混凝土砌块</td></tr>
<tr><td>屋面工程</td><td colspan="7">聚合物水泥基防水涂料、热塑性聚烯烃防水卷材、憎水性膨胀珍珠岩、聚苯乙烯泡沫保温板</td></tr>
<tr><td>楼地面</td><td colspan="7">防滑砖、塑木地板、大理石楼地面、PVC 地胶板</td></tr>
<tr><td>天棚</td><td colspan="7">硅酸钙板吊顶、铝合金方通饰条、合成矿物纤维复吸声透声膜吊顶、铝单板包镀锌钢骨架雨篷、防霉防潮涂料、铝扣板吊顶</td></tr>
<tr><td>内墙面</td><td colspan="7">2.5mm 氟碳喷涂铝板、人造石、不燃洁菌板（酚醛树脂板）、无机涂料、陶瓷砖、600mm × 600mm 铝扣板</td></tr>
<tr><td>外墙面</td><td colspan="7">铝板幕墙（氟碳喷涂铝板）、陶瓷砖</td></tr>
<tr><td>门窗</td><td colspan="7">钢质防火门、防火卷帘门、钢板门、射线防护门、塑钢门、金属百叶窗、金属防火窗、复合材料门、铝合金窗</td></tr>
<tr><td rowspan="6">机电安装工程</td><td>电气</td><td colspan="7">配电箱 183 台</td></tr>
<tr><td>给排水</td><td colspan="7">冷热水系统：不锈钢管、CPVC 管；排水系统：HTPP 螺旋静音管、承压增强聚丙烯（FRPP）静音管</td></tr>
<tr><td>通风空调</td><td colspan="7">吊顶式新风空调器（变频）24 台、离心风机 17 台</td></tr>
<tr><td>智能化</td><td colspan="7">综合布线系统、疏散照明控制系统、消防设备电源监控系统、正压送风及智能余压监控系统、防火门监控系统</td></tr>
<tr><td>电梯</td><td colspan="7">扶梯 22 台；手术梯、病床电梯 21 台；污物梯兼消防梯 4 台；货梯 1 台；医护梯兼消防梯 2 台；乘客电梯（无障碍）3 台</td></tr>
<tr><td>消防</td><td colspan="7">吸气式烟雾探测报警系统、消防设备电源监控系统、漏电火灾监控系统、防火门监控系统、喷淋系统、消火栓系统、气体灭火系统</td></tr>
</table>

工程造价指标分析表　　　　表 1-7-10

建筑面积：69374.09m^2　　　　经济指标：4244.53元/m^2

专业	工程造价（万元）	造价比例	经济指标（元/m^2）
建筑装饰工程	20365.32	69.16%	2935.58
机电安装工程	9079.27	30.83%	1308.74
其他	1.48	0.01%	0.21

续表

专业			工程造价（万元）	造价比例	经济指标（元/m²）
其中	建筑装饰工程	建筑	14976.16	50.86%	2158.75
		装修	5389.16	18.30%	776.83
	机电安装工程	电气	880.62	2.99%	126.94
		通风空调	2339.33	7.94%	337.21
		给排水	1019.67	3.46%	146.98
		消防	2215.13	7.52%	319.30
		电梯	2624.52	8.92%	378.31
	其他		1.48	0.01%	0.21

土建造价含量表 **表 1-7-11**

指标类型				造价含量
混凝土	主体	柱	含量（m³/m²）	0.05
			价格（元/m³）	851.73
		梁、板	含量（m³/m²）	0.19
			价格（元/m³）	748.52
		墙	含量（m³/m²）	0.04
			价格（元/m³）	841.44
		含量小计		0.28
	其他	其他混凝土	含量（m³/m²）	0.01
			价格（元/m³）	819.38
		含量小计		0.01
	含量合计			0.29
钢筋	钢筋	钢筋	含量（kg/m²）	46.52
			价格（元/t）	5144.27
		含量小计		46.52
	含量合计			46.52
模板	主体	柱	含量（m²/m²）	0.24
			价格（元/m²）	66.03
		梁、板	含量（m²/m²）	1.50
			价格（元/m²）	72.66
		墙	含量（m²/m²）	0.31
			价格（元/m²）	43.82
		含量小计		2.05
	其他	其他模板	含量（m²/m²）	0.25
			价格（元/m²）	68.27
		含量小计		0.25
	含量合计			2.30

机电造价含量表 表 1-7-12

专业	部位	系统	单位	总工程量	总价（万元）	百方含量	单方造价（元）
消防	消防报警末端	广播	个	647.00	8.00	0.93	1.15
		模块	个	3404.00	222.46	4.91	32.07
		温感、烟感	个	4491.00	140.40	6.47	20.24
		小计	—	—	370.86	—	53.46
	消防水	喷头	个	14410.00	86.02	20.77	12.40
		消火栓箱	套	230.00	50.35	0.33	7.26
		小计	—	—	136.37	—	19.66
	消防电设备	报警主机	台	2.00	24.73	0.00	3.56
		电源	套	1.00	0.58	0.00	0.08
		电话主机	台	1.00	1.44	0.00	0.21
		小计	—	—	26.75	—	3.85
电气	管线	母线	m	153.00	49.91	0.22	7.20
		电线管	m	76599.10	134.00	110.41	19.32
		电线	m	225455.49	98.61	324.99	14.21
		电缆	m	10195.37	78.11	14.70	11.26
		线槽、桥架	m	5067.91	55.79	7.31	8.04
		小计	—	—	416.42	—	60.03
	终端	开关插座	个	12176.00	39.61	17.55	5.71
		泛光照明灯具	套	9574.00	179.08	13.80	25.81
		小计	—	—	218.69	—	31.52
	设备	配电箱	台	320.00	147.56	0.46	21.27
		小计	—	—	147.56	—	21.27
给排水	末端	洁具、地漏	组	4194.00	469.46	6.05	67.67
		小计	—	—	469.46	—	67.67
	管线	水管	m	31790.45	226.28	45.82	32.62
		阀门	个	1963.00	124.80	2.83	17.99
		小计	—	—	351.08	—	50.61
通风空调	保温	风阀	个	2766.00	95.10	3.99	13.71
		小计	—	—	95.10	—	13.71
	末端	风口	个	3823.00	86.43	5.51	12.46
		风机盘管	台	1324.00	302.10	1.91	43.55
		小计	—	—	388.53	—	56.01
	管线	风管	m^2	25199.55	486.50	36.32	70.13
		小计	—	—	486.50	—	70.13
	设备	空调器	台	24.00	52.89	0.03	7.62
		风机	台	17.00	32.04	0.02	4.62
		小计	—	—	84.93	—	12.24

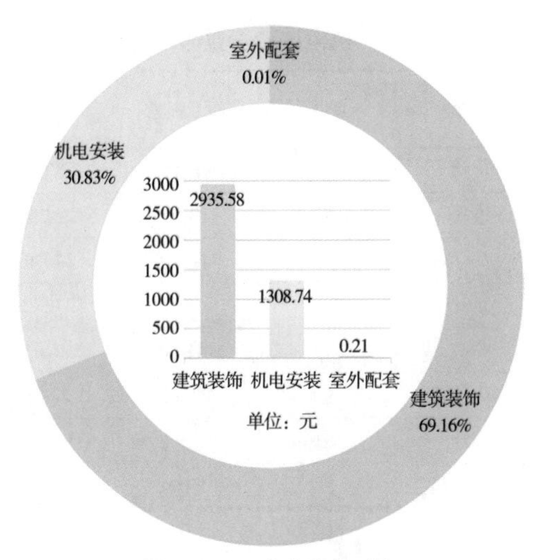

图 1-7-7　专业造价对比

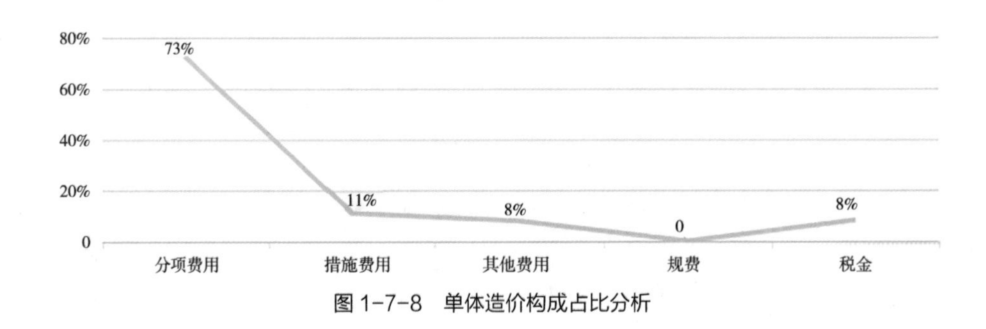

图 1-7-8　单体造价构成占比分析

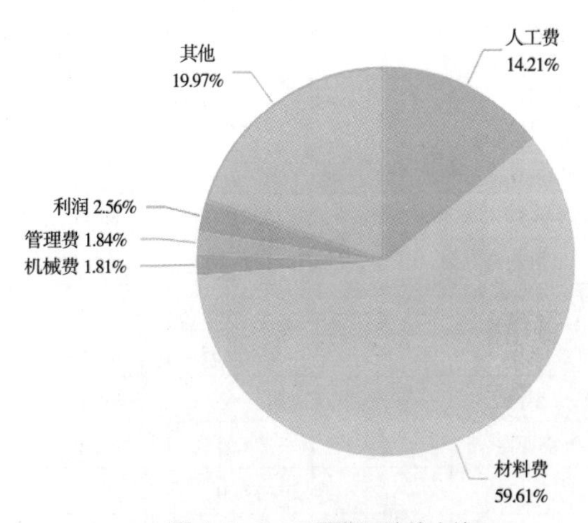

图 1-7-9　工程费用造价占比

某住院楼工程（15 层）

工程概况表　　表 1-7-13

<table>
<tr><td colspan="2" rowspan="2">计价时期</td><td>年份</td><td>2017</td><td rowspan="2">计价地区</td><td>省份</td><td>广东</td><td>建设类型</td><td colspan="2">新建</td></tr>
<tr><td>月份</td><td>5</td><td>城市</td><td>广州</td><td>工程造价（万元）</td><td colspan="2">12241.79</td></tr>
<tr><td colspan="2">专业类别</td><td colspan="2">房建工程</td><td>工程类别</td><td colspan="2">卫生建筑</td><td rowspan="2">计价依据</td><td>清单</td><td>2013</td></tr>
<tr><td colspan="2">计税模式</td><td colspan="2">增值税</td><td>建筑物类型</td><td colspan="2">住院楼</td><td>定额</td><td>2010</td></tr>
<tr><td colspan="2" rowspan="2">建筑面积（m²）</td><td>±0.00 以下</td><td>0</td><td rowspan="2">高度（m）</td><td>±0.00 以下</td><td>0</td><td rowspan="2">层数</td><td>±0.00 以下</td><td>0</td></tr>
<tr><td>±0.00 以上</td><td>31546.92</td><td>±0.00 以上</td><td>59.60</td><td>±0.00 以上</td><td>15</td></tr>
<tr><td rowspan="8">建筑装饰工程</td><td>结构形式</td><td colspan="8">现浇钢筋混凝土结构、局部钢结构（钢管柱、钢梁、钢托架、钢梯）</td></tr>
<tr><td>砌体 / 隔墙</td><td colspan="8">灰砂砖、蒸压加气混凝土砌块、玻璃隔断</td></tr>
<tr><td>屋面工程</td><td colspan="8">胶膜防水卷材、聚合物水泥防水涂料</td></tr>
<tr><td>楼地面</td><td colspan="8">地砖、PVC 地板、防滑砖、抛光砖、陶瓷砖、大理石楼地面、花岗石楼地面</td></tr>
<tr><td>天棚</td><td colspan="8">钢结构采光篷（12+1.52PVB+12mm 钢化夹胶玻璃）、埃特板吊顶、高晶类复合板吊顶、铝扣板吊顶、铝合金方通饰条、矿棉板吊顶</td></tr>
<tr><td>内墙面</td><td colspan="8">陶瓷砖、矿棉板、铝板、大理石墙面、抗火抗菌树脂板</td></tr>
<tr><td>外墙面</td><td colspan="8">玻璃幕墙（6Low-E+12A+6mm 钢化中空玻璃）、陶瓷砖</td></tr>
<tr><td>门窗</td><td colspan="8">不锈钢防火门、金属（塑钢、断桥）窗、木质门、消火栓暗门、不锈钢防火窗、金属百叶窗、塑钢门</td></tr>
<tr><td rowspan="6">机电安装工程</td><td>电气</td><td colspan="8">配电箱 568 台</td></tr>
<tr><td>给排水</td><td colspan="8">冷水系统：内衬塑（PE）钢管、PPR 管；排水系统：U-PVC 实壁管</td></tr>
<tr><td>通风空调</td><td colspan="8">离心风机 61 台、处理机组 48 台</td></tr>
<tr><td>智能化</td><td colspan="8">综合布线系统、有线电视系统、公共应急广播系统、视频监控系统、门禁系统、建筑设备监控系统、安防 UPS 系统、电梯五方对讲系统、分诊电子显示及叫号系统、病房呼叫系统、会议系统、入侵报警 / 电子巡更系统、时钟系统、公共信息发布系统、计算机网络系统（智能网）、计算机网络系统（医疗业务网）、智能化中央集成管理系统</td></tr>
<tr><td>消防</td><td colspan="8">喷淋系统、消火栓系统、气体灭火系统、火灾自动报警系统</td></tr>
<tr><td>抗震支架</td><td colspan="8">抗震支吊架</td></tr>
</table>

工程造价指标分析表　　表 1-7-14

建筑面积：31546.92m²　　经济指标：3880.50元/m²

<table>
<tr><td colspan="3">专业</td><td>工程造价（万元）</td><td>造价比例</td><td>经济指标（元 /m²）</td></tr>
<tr><td colspan="3">建筑装饰工程</td><td>7677.93</td><td>62.72%</td><td>2433.81</td></tr>
<tr><td colspan="3">机电安装工程</td><td>4540.54</td><td>37.09%</td><td>1439.30</td></tr>
<tr><td colspan="3">其他</td><td>23.32</td><td>0.19%</td><td>7.39</td></tr>
<tr><td rowspan="2">其中</td><td rowspan="2">建筑装饰工程</td><td>建筑</td><td>4285.79</td><td>35.01%</td><td>1358.54</td></tr>
<tr><td>装修</td><td>3392.14</td><td>27.71%</td><td>1075.27</td></tr>
</table>

续表

专业			工程造价（万元）	造价比例	经济指标（元/m^2）
其中	机电安装工程	电气	786.58	6.42%	249.34
		通风空调	1175.61	9.60%	372.65
		给排水	471.96	3.86%	149.61
		消防	569.21	4.65%	180.43
		智能化	849.72	6.94%	269.35
		抗震支架	250.41	2.05%	79.38
		医气系统	437.05	3.57%	138.54
	其他		23.32	0.19%	7.39

土建造价含量表 **表 1-7-15**

指标类型				造价含量
混凝土	主体	柱	含量（m^3/m^2）	0.09
			价格（元/m^3）	586.94
		梁、板	含量（m^3/m^2）	0.19
			价格（元/m^3）	540.66
		墙	含量（m^3/m^2）	0.04
			价格（元/m^3）	579.90
		含量小计		0.32
	其他	其他混凝土	含量（m^3/m^2）	0.01
			价格（元/m^3）	586.14
		含量小计		0.01
	含量合计			0.33
钢筋	钢筋	钢筋	含量（kg/m^2）	43.98
			价格（元/t）	4878.09
		含量小计		43.98
	含量合计			43.98
模板	主体	柱	含量（m^2/m^2）	0.67
			价格（元/m^2）	67.69
		梁、板	含量（m^2/m^2）	1.54
			价格（元/m^2）	68.45
		墙	含量（m^2/m^2）	0.25
			价格（元/m^2）	39.36
		含量小计		2.46
	其他	其他模板	含量（m^2/m^2）	0.12
			价格（元/m^2）	71.42
		含量小计		0.12
	含量合计			2.58

机电造价含量表　　表 1-7-16

专业	部位	系统	单位	总工程量	总价（万元）	百方含量	单方造价（元）
消防	消防报警末端	模块	个	778.00	38.01	2.47	12.05
		温感、烟感	个	1309.00	22.41	4.15	7.10
		小计	—	—	60.42	—	19.15
	消防水	喷头	个	8930.00	45.81	28.31	14.52
		泵	套	2.00	7.65	0.01	2.42
		消火栓箱	套	170.00	36.27	0.54	11.50
		小计	—	—	89.73	—	28.44
	消防电设备	广播主机	台	1.00	1.43	0.00	0.45
		报警主机	台	3.00	12.98	0.01	4.11
		电话主机	台	1.00	0.68	0.00	0.22
		小计	—	—	15.09	—	4.78
电气	管线	母线	m	102.01	33.16	0.32	10.51
		电线管	m	47554.75	70.57	150.74	22.37
		电线	m	149209.51	72.47	472.98	22.97
		电缆	m	14892.34	251.12	47.21	79.60
		线槽、桥架	m	3350.75	52.30	10.62	16.58
		小计	—	—	479.62	—	152.03
	终端	开关插座	个	3563.00	8.29	11.29	2.63
		泛光照明灯具	套	7617.67	127.74	24.15	40.49
		小计	—	—	136.03	—	43.12
	设备	配电箱	台	568.00	142.78	1.80	45.26
		小计	—	—	142.78	—	45.26
给排水	末端	洁具、地漏	组	2034.00	83.44	6.45	26.45
		小计	—	—	83.44	—	26.45
	管线	水管	m	14425.79	93.69	45.73	29.70
		阀门	个	1333.00	45.28	4.23	14.35
		小计	—	—	138.97	—	44.05
	设备	水箱	台	6.00	93.31	0.02	29.58
		泵	套	18.00	51.14	0.06	16.21
		小计	—	—	144.45	—	45.79
通风空调	保温	风阀	个	1018.00	39.34	3.23	12.47
		小计	—	—	39.34	—	12.47
	末端	风口	个	2402.00	60.53	7.61	19.19
		风机盘管	台	619.00	132.72	1.96	42.07
		小计	—	—	193.25	—	61.26
	管线	风管	m^2	15653.43	236.79	49.62	75.06
		小计	—	—	236.79	—	75.06
	设备	泵	套	3.00	4.50	0.01	1.43
		空调器	台	55.00	104.23	0.17	33.04
		风机	台	73.00	33.35	0.23	10.57
		小计	—	—	142.08	—	45.04

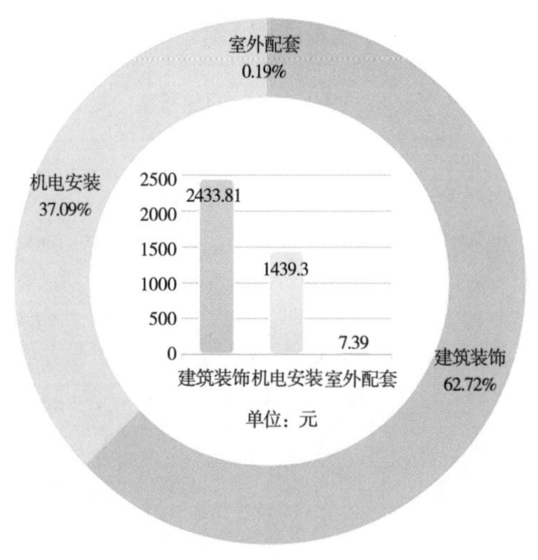

图1-7-10　专业造价对比

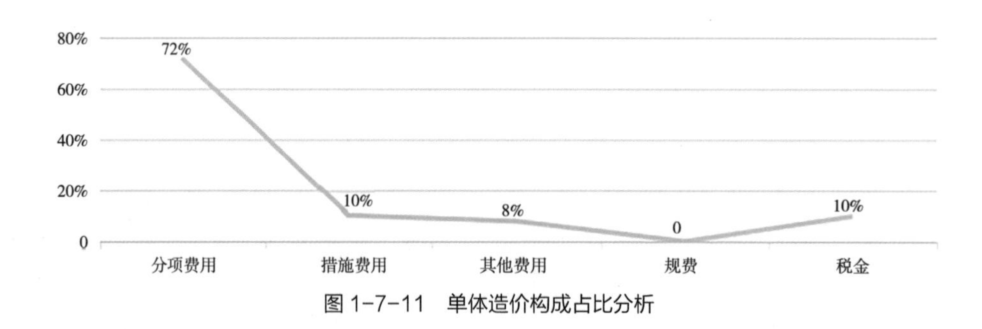

图 1-7-11　单体造价构成占比分析

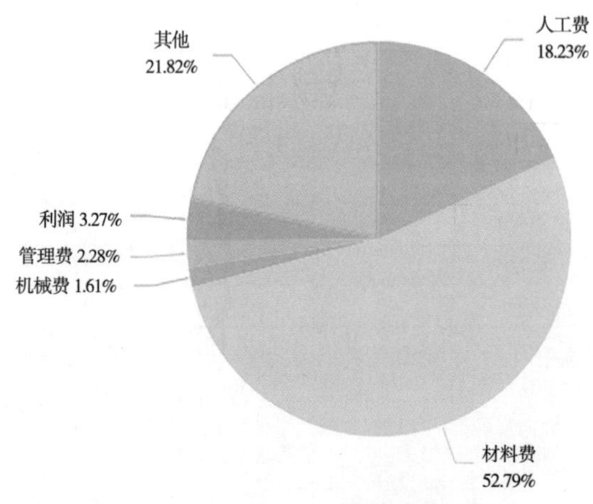

图1-7-12　工程费用造价占比

第八节 工业建筑（厂房、仓库）

某车间工程（1层）

工程概况表 表 1-8-1

<table>
<tr><td rowspan="2">计价时期</td><td>年份</td><td>2020</td><td rowspan="2">计价地区</td><td>省份</td><td>广东</td><td>建设类型</td><td colspan="2">新建</td></tr>
<tr><td>月份</td><td>5</td><td>城市</td><td>东莞</td><td>工程造价（万元）</td><td colspan="2">827.90</td></tr>
<tr><td>专业类别</td><td colspan="2">房建工程</td><td>工程类别</td><td colspan="2">厂房（机房）</td><td rowspan="2">计价依据</td><td>清单</td><td>2013</td></tr>
<tr><td>计税模式</td><td colspan="2">增值税</td><td>建筑物类型</td><td colspan="2">中型厂房</td><td>定额</td><td>2018</td></tr>
<tr><td rowspan="2">建筑面积（m²）</td><td>±0.00 以下</td><td>0</td><td rowspan="2">高度（m）</td><td>±0.00 以下</td><td>0</td><td rowspan="2">层数</td><td>±0.00 以下</td><td>0</td></tr>
<tr><td>±0.00 以上</td><td>5908.75</td><td>±0.00 以上</td><td>16.85</td><td>±0.00 以上</td><td>1</td></tr>
</table>

<table>
<tr><td rowspan="7">建筑装饰工程</td><td>基础</td><td>φ400mm 预制钢筋混凝土管桩</td></tr>
<tr><td>结构形式</td><td>现浇钢筋混凝土结构</td></tr>
<tr><td>砌体 / 隔墙</td><td>蒸压加气混凝土砌块</td></tr>
<tr><td>屋面工程</td><td>高分子防水卷材</td></tr>
<tr><td>内墙面</td><td>墙面一般抹灰</td></tr>
<tr><td>外墙面</td><td>外墙涂料</td></tr>
<tr><td>门窗</td><td>钢质防火门、金属百叶窗、铝合金窗</td></tr>
<tr><td rowspan="5">机电安装工程</td><td>电气</td><td>配电箱 7 台</td></tr>
<tr><td>给排水</td><td>冷热水系统：PPR 管、PE 管、钢塑复合管；排水系统：U-PVC 管</td></tr>
<tr><td>通风空调</td><td>消防轴流式通风机 3 台、方形壁式轴流风机 6 台</td></tr>
<tr><td>消防</td><td>消火栓系统、喷淋系统、火灾自动报警系统</td></tr>
<tr><td>抗震支架</td><td>抗震支吊架</td></tr>
</table>

工程造价指标分析表 表 1-8-2

建筑面积：5908.75m² 经济指标：1401.17元/m²

<table>
<tr><td colspan="3">专业</td><td>工程造价（万元）</td><td>造价比例</td><td>经济指标（元/m²）</td></tr>
<tr><td colspan="3">建筑装饰工程</td><td>727.29</td><td>87.85%</td><td>1230.88</td></tr>
<tr><td colspan="3">机电安装工程</td><td>100.61</td><td>12.15%</td><td>170.29</td></tr>
<tr><td rowspan="2">其中</td><td rowspan="2">建筑装饰工程</td><td>建筑</td><td>642.16</td><td>77.57%</td><td>1086.80</td></tr>
<tr><td>装修</td><td>85.13</td><td>10.28%</td><td>144.08</td></tr>
</table>

续表

专业			工程造价（万元）	造价比例	经济指标（元/m^2）
其中	机电安装工程	电气	23.80	2.87%	40.28
		通风空调	24.26	2.93%	41.06
		给排水	7.64	0.92%	12.93
		消防	40.89	4.94%	69.21
		抗震支架	4.02	0.49%	6.81

土建造价含量表 表 1-8-3

指标类型				造价含量
混凝土	主体	柱	含量（m^3/m^2）	0.03
			价格（元/m^3）	811.70
		梁、板	含量（m^3/m^2）	0.12
			价格（元/m^3）	701.07
		含量小计		0.15
	基础	承台	含量（m^3/m^2）	0.03
			价格（元/m^3）	689.67
		其他基础	含量（m^3/m^2）	0.01
			价格（元/m^3）	722.88
		含量小计		0.04
	其他	其他混凝土	含量（m^3/m^2）	0.01
			价格（元/m^3）	843.41
		含量小计		0.01
	含量合计			0.20
钢筋	钢筋	钢筋	含量（kg/m^2）	30.37
			价格（元/t）	4974.98
		含量小计		30.37
	含量合计			30.37
模板	主体	柱	含量（m^2/m^2）	0.17
			价格（元/m^2）	69.73
		梁、板	含量（m^2/m^2）	0.99
			价格（元/m^2）	78.92
		含量小计		1.16
	基础	其他基础	含量（m^2/m^2）	0.11
			价格（元/m^2）	45.05
		含量小计		0.11
	其他	其他模板	含量（m^2/m^2）	0.40
			价格（元/m^2）	72.53
		含量小计		0.40
	含量合计			1.67

电造价含量表　　表 1-8-4

专业	部位	系统	单位	总工程量	总价（万元）	百方含量	单方造价（元）
消防	消防报警末端	广播	个	6.00	0.05	0.10	0.08
		模块	个	19.00	0.48	0.32	0.81
		温感、烟感	个	63.00	0.74	1.07	1.25
		小计	—	—	**1.27**	—	**2.14**
	消防水	喷头	个	355.00	1.61	6.01	2.72
		消火栓箱	套	22.00	2.85	0.37	4.82
		小计	—	—	**4.46**	—	**7.54**
电气	管线	电线管	m	1313.80	2.87	22.23	4.86
		电线	m	2705.84	1.32	45.79	2.23
		电缆	m	507.59	6.28	8.59	10.63
		线槽、桥架	m	150.04	0.94	2.54	1.59
		小计	—	—	**11.41**	—	**19.31**
	终端	开关插座	个	23.00	0.08	0.39	0.13
		泛光照明灯具	套	77.00	1.03	1.30	1.75
		小计	—	—	**1.11**	—	**1.88**
	设备	配电箱	台	7.00	5.04	0.12	8.53
		小计	—	—	**5.04**	—	**8.53**
给排水	末端	洁具、地漏	组	57.00	0.48	0.96	0.82
		小计	—	—	**0.48**	—	**0.82**
	管线	水管	m	706.51	6.12	11.96	10.36
		阀门	个	11.00	0.37	0.19	0.62
		小计	—	—	**6.49**	—	**10.98**
通风空调	保温	风阀	个	10.00	1.31	0.17	2.21
		小计	—	—	**1.31**	—	**2.21**
	末端	风口	个	23.00	0.83	0.39	1.40
		小计	—	—	**0.83**	—	**1.40**
	管线	风管	m^2	778.83	15.47	13.18	26.18
		小计	—	—	**15.47**	—	**26.18**
	设备	风机	台	9.00	5.86	0.15	9.92
		小计	—	—	**5.86**	—	**9.92**

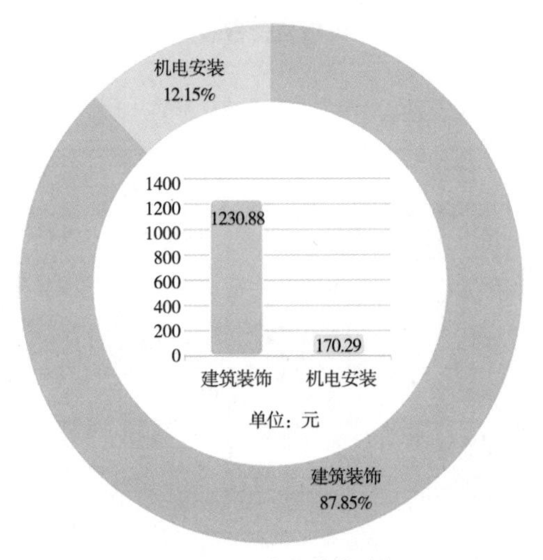

图 1-8-1　专业造价对比

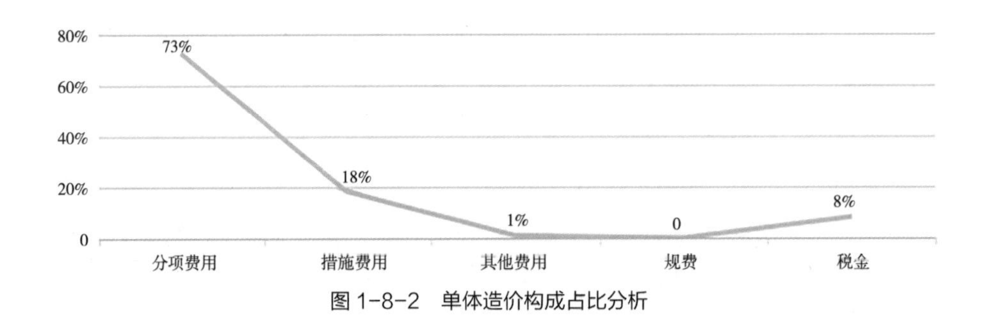

图 1-8-2　单体造价构成占比分析

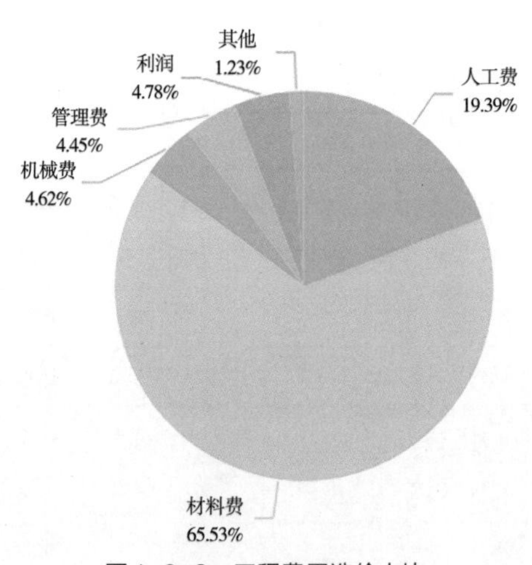

图 1-8-3　工程费用造价占比

某医药类厂房工程（3层）

工程概况表　　表 1-8-5

<table>
<tr><td rowspan="2">计价时期</td><td>年份</td><td>2020</td><td rowspan="2">计价地区</td><td>省份</td><td>广东</td><td>建设类型</td><td colspan="2">新建</td></tr>
<tr><td>月份</td><td>7</td><td>城市</td><td>广州</td><td>工程造价（万元）</td><td colspan="2">7040.08</td></tr>
<tr><td>专业类别</td><td colspan="2">房建工程</td><td>工程类别</td><td colspan="2">厂房（机房）</td><td rowspan="2">计价依据</td><td>清单</td><td>2013</td></tr>
<tr><td>计税模式</td><td colspan="2">增值税</td><td>建筑物类型</td><td colspan="2">中型厂房</td><td>定额</td><td>2018</td></tr>
<tr><td rowspan="2">建筑面积（m²）</td><td>±0.00 以下</td><td>7182.90</td><td rowspan="2">高度（m）</td><td>±0.00 以下</td><td>4.20</td><td rowspan="2">层数</td><td>±0.00 以下</td><td>1</td></tr>
<tr><td>±0.00 以上</td><td>23274.07</td><td>±0.00 以上</td><td>21.05</td><td>±0.00 以上</td><td>3</td></tr>
</table>

建筑装饰工程	基础	ϕ500mm 预制钢筋混凝土管桩
	结构形式	现浇钢筋混凝土结构
	砌体 / 隔墙	加气混凝土砌块
	屋面工程	改性沥青防水卷材、橡胶沥青防水涂料、聚苯乙烯泡沫保温板
	楼地面	陶瓷砖、防滑砖、水磨石楼地面
	天棚	1mm 铝扣板吊顶
	内墙面	釉面砖、无机涂料
	外墙面	铝合金玻璃幕墙（6mm 浅灰色中透光 Low-E 玻璃）、无机涂料
	门窗	钢质防火门、双轨纤维复合特级防火卷帘、不锈钢门、铝合金窗、卷帘门
机电安装工程	电气	配电箱 37 台
	给排水	冷热水系统：钢塑复合管；排水系统：镀锌钢管、U-PVC 管、HDPE 管
	通风空调	轴流式消防排烟风机 8 台
	智能化	送配电装置系统
	消防	喷淋系统、火灾自动报警系统、智能消防安全疏散应急照明 / 标志灯系统、消火栓系统

工程造价指标分析表　　表 1-8-6

建筑面积：30456.97m²　　经济指标：2311.49元/m²

专业			工程造价（万元）	造价比例	经济指标（元 /m²）
建筑装饰工程			6276.87	89.16%	2060.90
机电安装工程			763.21	10.84%	250.59
其中	建筑装饰工程	建筑	5556.95	78.93%	1824.53
		装修	719.92	10.23%	236.37
	机电安装工程	电气	238.81	3.39%	78.41
		通风空调	226.33	3.21%	74.31
		给排水	44.48	0.64%	14.60
		消防	169.71	2.41%	55.73
		智能化	83.88	1.19%	27.54

土建造价含量表 表 1-8-7

指标类型				造价含量
混凝土	主体	柱	含量（m^3/m^2）	0.07
			价格（元/m^3）	838.75
		梁、板	含量（m^3/m^2）	0.26
			价格（元/m^3）	722.68
		墙	含量（m^3/m^2）	0.02
			价格（元/m^3）	761.45
		含量小计		0.35
	基础	承台	含量（m^3/m^2）	0.16
			价格（元/m^3）	706.06
		其他基础	含量（m^3/m^2）	0.00
			价格（元/m^3）	739.57
		含量小计		0.16
	其他	其他混凝土	含量（m^3/m^2）	0.02
			价格（元/m^3）	804.52
		含量小计		0.02
	含量合计			0.53
钢筋	钢筋	钢筋	含量（kg/m^2）	84.98
			价格（元/t）	5048.05
		含量小计		84.98
	含量合计			84.98
模板	主体	柱	含量（m^2/m^2）	0.48
			价格（元/m^2）	78.63
		梁、板	含量（m^2/m^2）	1.84
			价格（元/m^2）	95.19
		墙	含量（m^2/m^2）	0.16
			价格（元/m^2）	49.95
		含量小计		2.48
	基础	其他基础	含量（m^2/m^2）	0.01
			价格（元/m^2）	29.83
		含量小计		0.01
	其他	其他模板	含量（m^2/m^2）	0.09
			价格（元/m^2）	129.53
		含量小计		0.09
	含量合计			2.58

机电造价含量表　　表 1-8-8

专业	部位	系统	单位	总工程量	总价（万元）	百方含量	单方造价（元）
消防	消防报警末端	模块	个	224.00	8.13	0.74	2.67
		温感、烟感	个	861.00	10.87	2.83	3.57
		小计	—	—	19.00	—	6.24
	消防水	喷头	个	877.00	3.43	2.88	1.13
		消火栓箱	套	97.00	11.21	0.32	3.68
		小计	—	—	14.64	—	4.81
电气	管线	电线管	m	11098.23	42.11	36.44	13.83
		电线	m	19217.89	6.99	63.10	2.30
		电缆	m	6439.17	114.10	21.14	37.46
		小计	—	—	163.20	—	53.59
	终端	开关插座	个	123.00	0.50	0.40	0.16
		泛光照明灯具	套	570.00	8.51	1.87	2.79
		小计	—	—	9.01	—	2.95
	设备	配电箱	台	37.00	13.34	0.12	4.38
		高低压配电柜	台	8.00	32.23	0.03	10.58
		小计	—	—	45.57	—	14.96
给排水	末端	洁具、地漏	组	79.00	5.17	0.26	1.70
		小计	—	—	5.17	—	1.70
	管线	水管	m	1700.97	24.65	5.58	8.09
		阀门	个	46.00	2.75	0.15	0.90
		小计	—	—	27.40	—	8.99
	设备	泵	套	18.00	6.76	0.06	2.22
		小计	—	—	6.76	—	2.22
通风空调	保温	风阀	个	136.00	15.99	0.45	5.25
		小计	—	—	15.99	—	5.25
	末端	风口	个	148.00	3.47	0.49	1.14
		小计	—	—	3.47	—	1.14
	管线	风管	m^2	9120.98	195.33	29.95	64.13
		小计	—	—	195.33	—	64.13
	设备	风机	台	17.00	9.17	0.06	3.01
		小计	—	—	9.17	—	3.01

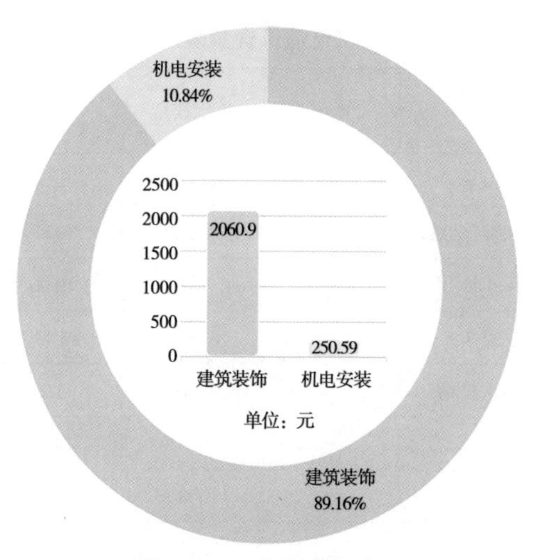

图 1-8-4　专业造价对比

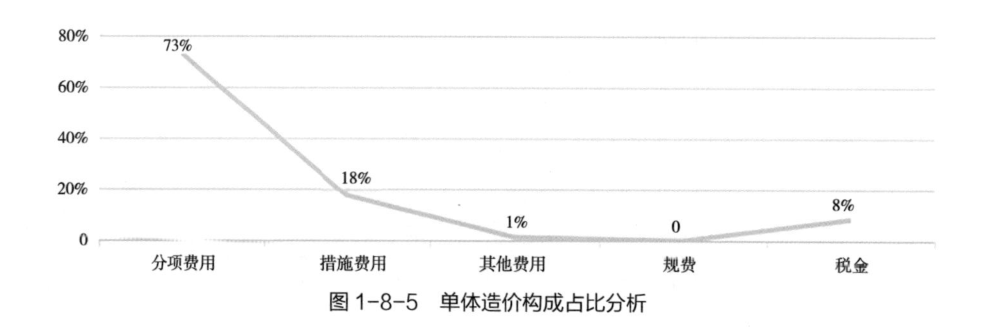

图 1-8-5　单体造价构成占比分析

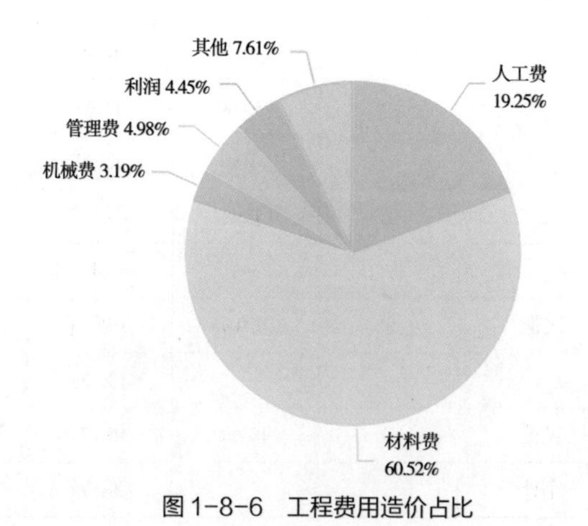

图 1-8-6　工程费用造价占比

某医药类厂房装修工程（4层）

工程概况表　　　　表 1–8–9

计价时期	年份	2019	计价地区	省份	广东	建设类型	改建、修复	
	月份	8		城市	佛山	工程造价（万元）	998.42	
专业类别	房建工程		工程类别	厂房（机房）		计价依据	清单	2013
计税模式	增值税		建筑物类型	小型厂房			定额	2018
建筑面积（m^2）	±0.00 以下	475.11	高度（m）	±0.00 以下	3.50	层数	±0.00 以下	1
	±0.00 以上	2226.43		±0.00 以上	14.00		±0.00 以上	4
建筑装饰工程	结构形式	钢结构（实腹钢柱、钢梁、钢檩条）						
	砌体 / 隔墙	灰砂砖						
	屋面工程	高分子防水涂料						
	楼地面	防滑砖、抛光砖、PVC 地胶板、水泥自流平楼地面						
	天棚	玻镁中空彩钢板吊顶、铝扣板吊顶、瓦楞岩棉夹芯板吊顶						
	内墙面	釉面砖、乳胶漆						
	门窗	双面彩钢板门（白玻璃）、木质门、钢化玻璃门、铝合金窗、玻璃密闭窗（双层钢化中空玻璃）						
机电安装工程	电气	配电箱 82 台						
	给排水	冷水系统：PPR 管；排水系统：U–PVC 管、钢管						
	通风空调	一体化水冷式冷水机组 1 台、洁净组合立式空气处理机（恒温恒湿型）31 台、冷暖壁挂式分体空调机 28 台						
	智能化	门禁系统、监控系统、对讲系统、无线网络系统、综合布线系统						
	消防	喷淋系统、火灾自动报警系统						

工程造价指标分析表　　　　表 1–8–10

建筑面积：2701.54m^2　　　　经济指标：3695.78元/m^2

专业			工程造价（万元）	造价比例	经济指标（元 /m^2）
建筑装饰工程			278.96	27.94%	1032.62
机电安装工程			632.18	63.32%	2340.07
其他			87.28	8.74%	323.09
其中	建筑装饰工程	建筑	76.87	7.70%	284.55
		装修	202.09	20.24%	748.07
	机电安装工程	电气	114.82	11.50%	425.01
		通风空调	362.27	36.28%	1340.98
		给排水	27.13	2.72%	100.42
		消防	54.45	5.45%	201.55
		智能化	29.72	2.98%	110.02
		工艺系统	43.79	4.39%	162.08
	其他	家具	87.28	8.74%	323.09

机电造价含量表 **表 1-8-11**

专业	部位	系统	单位	总工程量	总价（万元）	百方含量	单方造价（元）
消防	消防报警末端	广播	个	33.00	0.63	1.22	2.34
		模块	个	58.00	2.16	2.15	8.00
		温感、烟感	个	242.00	3.58	8.96	13.25
		小计	—	—	6.37	—	23.59
	消防水	喷头	个	481.00	2.77	17.80	10.27
		消火栓箱	套	20.00	3.19	0.74	11.79
		小计	—	—	5.96	—	22.06
电气	管线	电线管	m	6505.39	27.33	240.80	101.15
		电线	m	21564.65	18.71	798.24	69.24
		电缆	m	375.28	7.59	13.89	28.08
		线槽、桥架	m	359.13	12.83	13.29	47.49
		小计	—	—	66.46	—	245.96
	终端	开关插座	个	518.00	1.89	19.17	7.01
		泛光照明灯具	套	512.00	16.54	18.95	61.22
		小计	—	—	18.43	—	68.23
	设备	配电箱	台	82.00	23.50	3.04	87.00
		高低压配电柜	台	1.00	0.03	0.04	0.12
		小计	—	—	23.53	—	87.12
给排水	末端	洁具、地漏	组	165.00	14.59	6.11	54.01
		小计	—	—	14.59	—	54.01
	管线	水管	m	1567.18	8.56	58.01	31.70
		阀门	个	135.00	1.91	5.00	7.06
		小计	—	—	10.47	—	38.76
通风空调	保温	风阀	个	324.00	4.76	11.99	17.63
		小计	—	—	4.76	—	17.63
	末端	风口	个	581.00	28.42	21.51	105.20
		小计	—	—	28.42	—	105.20
	管线	风管	m^2	1754.24	33.11	64.93	122.56
		小计	—	—	33.11	—	122.56
	设备	冷却塔	台	3.00	11.38	0.11	42.12
		泵	套	6.00	13.95	0.22	51.64
		空调器	台	60.00	194.82	2.22	721.15
		风机	台	46.00	19.84	1.70	73.45
		小计	—	—	239.99	—	888.36

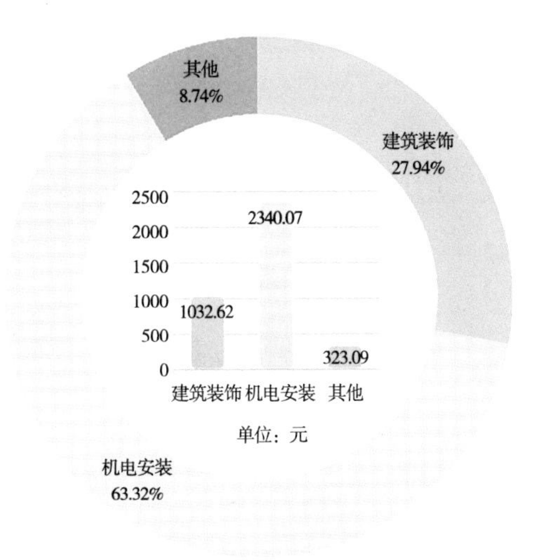

图 1-8-7　专业造价对比

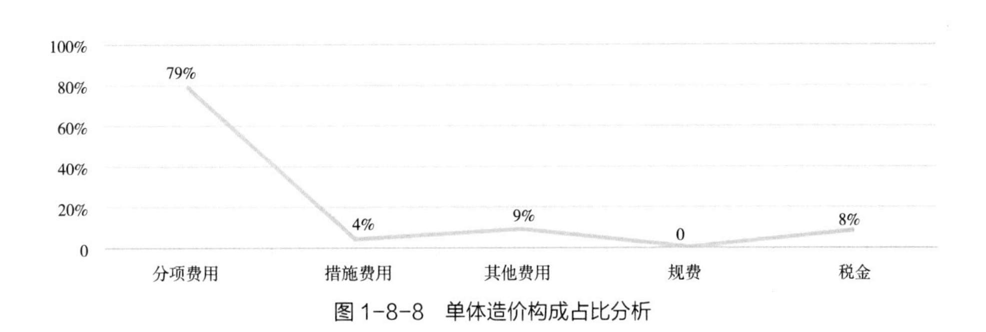

图 1-8-8　单体造价构成占比分析

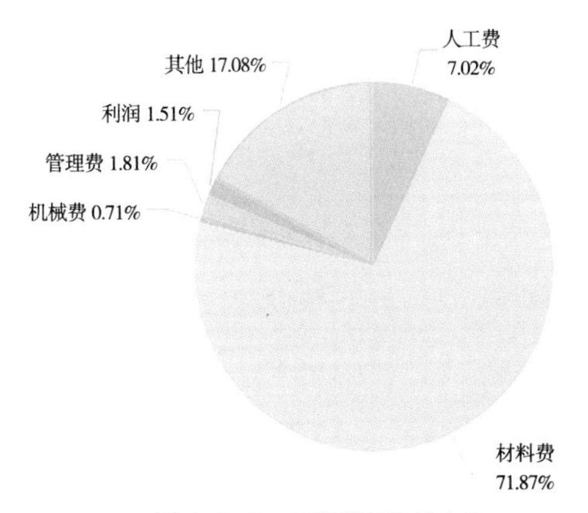

图 1-8-9　工程费用造价占比

某科技园厂房工程（6层）

工程概况表 表 1-8-12

<table>
<tr><td colspan="2" rowspan="2">计价时期</td><td>年份</td><td>2017</td><td rowspan="2">计价地区</td><td>省份</td><td>广东</td><td>建设类型</td><td colspan="2">新建</td></tr>
<tr><td>月份</td><td>8</td><td>城市</td><td>广州</td><td>工程造价（万元）</td><td colspan="2">2709.74</td></tr>
<tr><td colspan="2">专业类别</td><td colspan="2">工业建筑</td><td>工程类别</td><td colspan="2">厂房（机房）</td><td rowspan="2">计价依据</td><td>清单</td><td>2013</td></tr>
<tr><td colspan="2">计税模式</td><td colspan="2">增值税</td><td>建筑物类型</td><td colspan="2">中型厂房</td><td>定额</td><td>2010</td></tr>
<tr><td colspan="2" rowspan="2">建筑面积（m^2）</td><td>±0.00 以下</td><td>2472.89</td><td rowspan="2">高度（m）</td><td>±0.00 以下</td><td>3.50</td><td rowspan="2">层数</td><td>±0.00 以下</td><td>1</td></tr>
<tr><td>±0.00 以上</td><td>10157.94</td><td>±0.00 以上</td><td>31.50</td><td>±0.00 以上</td><td>6</td></tr>
<tr><td rowspan="7">建筑装饰工程</td><td>基础</td><td colspan="8">预制钢筋混凝土管桩、满堂基础</td></tr>
<tr><td>结构形式</td><td colspan="8">钢—混凝土混合结构（现浇钢筋混凝土结构、钢结构）</td></tr>
<tr><td>砌体 / 隔墙</td><td colspan="8">蒸压加气混凝土砌块</td></tr>
<tr><td>屋面工程</td><td colspan="8">聚苯乙烯泡沫保温板、高聚物改性沥青防水卷材、高分子防水涂料、300mm×300mm 耐磨砖</td></tr>
<tr><td>内墙面</td><td colspan="8">陶瓷砖、无机涂料</td></tr>
<tr><td>外墙面</td><td colspan="8">陶瓷砖、乳胶漆</td></tr>
<tr><td>门窗</td><td colspan="8">钢质防火门、铝合金门窗（热反射钢化玻璃）、金属卷帘（闸）门、金属百叶窗、金属防火窗（防火玻璃）、铝板门、钢板门、木质门</td></tr>
<tr><td rowspan="3">机电安装工程</td><td>电气</td><td colspan="8">配电箱 21 台</td></tr>
<tr><td>给排水</td><td colspan="8">冷水系统：复合管、衬塑镀锌钢管、镀锌钢管；排水系统：U-PVC 管、HDPE 管</td></tr>
<tr><td>通风空调</td><td colspan="8">离心式通风机 5 台</td></tr>
</table>

工程造价指标分析表 表 1-8-13

建筑面积：12630.83m^2　　经济指标：2145.34元/m^2

<table>
<tr><td colspan="3">专业</td><td>工程造价（万元）</td><td>造价比例</td><td>经济指标（元/m^2）</td></tr>
<tr><td colspan="3">建筑装饰工程</td><td>2551.91</td><td>94.18%</td><td>2020.38</td></tr>
<tr><td colspan="3">机电安装工程</td><td>157.83</td><td>5.82%</td><td>124.96</td></tr>
<tr><td rowspan="5">其中</td><td rowspan="2">建筑装饰工程</td><td>建筑</td><td>2404.76</td><td>88.75%</td><td>1903.88</td></tr>
<tr><td>装修</td><td>147.15</td><td>5.43%</td><td>116.50</td></tr>
<tr><td rowspan="3">机电安装工程</td><td>电气</td><td>110.85</td><td>4.09%</td><td>87.77</td></tr>
<tr><td>通风空调</td><td>11.94</td><td>0.44%</td><td>9.45</td></tr>
<tr><td>给排水</td><td>35.04</td><td>1.29%</td><td>27.74</td></tr>
</table>

土建造价含量表　　表 1–8–14

指标类型				造价含量
混凝土	主体	柱	含量（m^3/m^2）	0.07
			价格（元/m^3）	587.51
		梁、板	含量（m^3/m^2）	0.25
			价格（元/m^3）	524.88
		墙	含量（m^3/m^2）	0.07
			价格（元/m^3）	581.00
		含量小计		0.39
	基础	承台	含量（m^3/m^2）	0.05
			价格（元/m^3）	570.01
		其他基础	含量（m^3/m^2）	0.09
			价格（元/m^3）	515.94
		含量小计		0.14
	其他	其他混凝土	含量（m^3/m^2）	0.01
			价格（元/m^3）	595.08
		含量小计		0.01
	含量合计			0.54
钢筋	钢筋	钢筋	含量（kg/m^2）	75.98
			价格（元/t）	4967.34
		含量小计		75.98
	含量合计			75.98
模板	主体	柱	含量（m^2/m^2）	0.34
			价格（元/m^2）	73.66
		梁、板	含量（m^2/m^2）	1.60
			价格（元/m^2）	81.04
		墙	含量（m^2/m^2）	0.36
			价格（元/m^2）	47.95
		含量小计		2.30
	基础	其他基础	含量（m^2/m^2）	0.25
			价格（元/m^2）	49.62
		含量小计		0.25
	其他	其他模板	含量（m^2/m^2）	0.27
			价格（元/m^2）	75.10
		含量小计		0.27
	含量合计			2.82

机电造价含量表　　表 1-8-15

专业	部位	系统	单位	总工程量	总价（万元）	百方含量	单方造价（元）
电气	管线	电线管	m	6987.19	27.80	55.32	22.01
		电线	m	18616.04	6.75	147.39	5.34
		电缆	m	2210.78	34.54	17.50	27.35
		线槽、桥架	m	278.12	4.60	2.20	3.64
		小计	—	—	73.69	—	58.34
	终端	开关插座	个	136.00	0.42	1.08	0.33
		泛光照明灯具	套	492.00	7.05	3.90	5.58
		小计	—	—	7.47	—	5.91
	设备	配电箱	台	21.00	4.80	0.17	3.80
		小计	—	—	4.80	—	3.80
给排水	末端	洁具、地漏	组	87.00	1.42	0.69	1.13
		小计	—	—	1.42	—	1.13
	管线	水管	m	1368.23	13.60	10.83	10.77
		阀门	个	22.00	1.12	0.17	0.89
		小计	—	—	14.72	—	11.66
通风空调	保温	风阀	个	31.00	1.77	0.25	1.40
		小计	—	—	1.77	—	1.40
	末端	风口	个	41.00	1.37	0.32	1.08
		小计	—	—	1.37	—	1.08
	管线	风管	m^2	327.79	5.95	2.60	4.71
		小计	—	—	5.95	—	4.71
	设备	风机	台	6.00	1.93	0.05	1.53
		小计	—	—	1.93	—	1.53

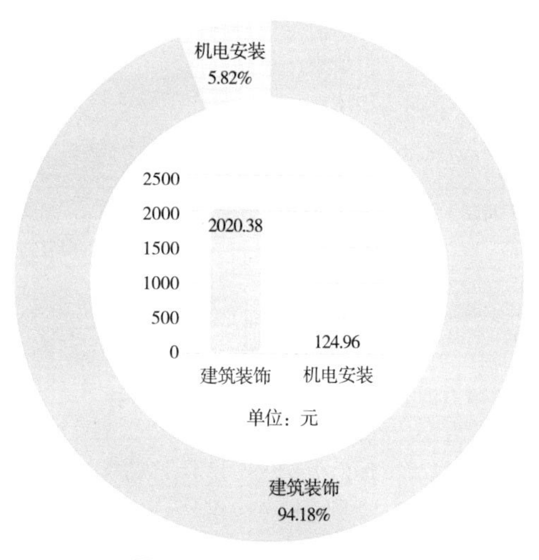

图1-8-10　专业造价对比

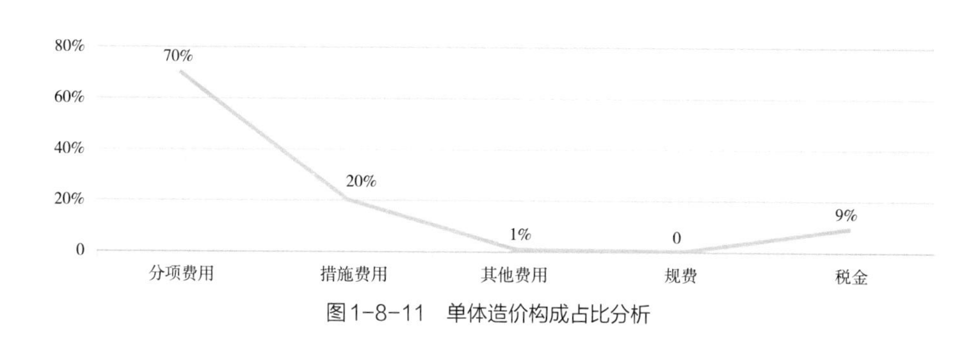

图1-8-11　单体造价构成占比分析

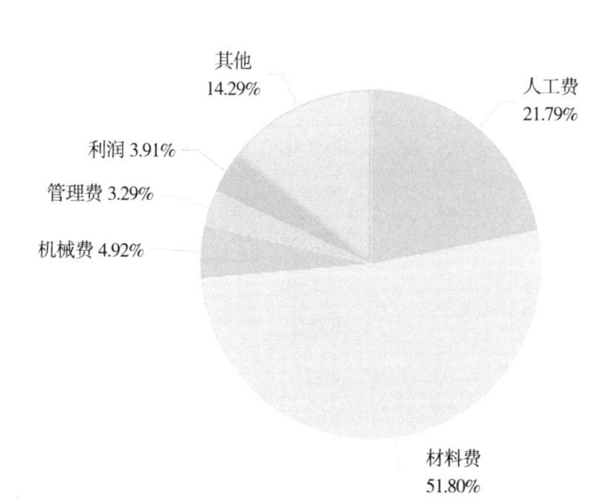

图1-8-12　工程费用造价占比

某丙类仓库工程（4层）

工程概况表　　　　表 1-8-16

<table>
<tr><td colspan="2" rowspan="2">计价时期</td><td>年份</td><td>2020</td><td rowspan="2">计价地区</td><td>省份</td><td>广东</td><td>建设类型</td><td colspan="2">新建</td></tr>
<tr><td>月份</td><td>7</td><td>城市</td><td>广州</td><td>工程造价（万元）</td><td colspan="2">1776.61</td></tr>
<tr><td colspan="2">专业类别</td><td colspan="2">房建工程</td><td>工程类别</td><td colspan="2">仓库</td><td rowspan="2">计价依据</td><td>清单</td><td>2013</td></tr>
<tr><td colspan="2">计税模式</td><td colspan="2">增值税</td><td>建筑物类型</td><td colspan="2">原材料库（丙类）</td><td>定额</td><td>2018</td></tr>
<tr><td colspan="2" rowspan="2">建筑面积（m^2）</td><td>±0.00 以下</td><td>0</td><td rowspan="2">高度（m）</td><td>±0.00 以下</td><td>0</td><td rowspan="2">层数</td><td>±0.00 以下</td><td>0</td></tr>
<tr><td>±0.00 以上</td><td>7787.73</td><td>±0.00 以上</td><td>22.35</td><td>±0.00 以上</td><td>4</td></tr>
<tr><td rowspan="9">建筑装饰工程</td><td>基础</td><td colspan="8">ϕ500mm 预制钢筋混凝土管桩</td></tr>
<tr><td>结构形式</td><td colspan="8">现浇钢筋混凝土结构</td></tr>
<tr><td>砌体 / 隔墙</td><td colspan="8">加气混凝土砌块</td></tr>
<tr><td>屋面工程</td><td colspan="8">高分子防水卷材、橡胶沥青防水涂料、聚苯乙烯泡沫保温板</td></tr>
<tr><td>楼地面</td><td colspan="8">防滑砖、金刚砂楼地面、600mm × 600mm 地砖（楼梯）</td></tr>
<tr><td>天棚</td><td colspan="8">硅钙板吊顶、铝扣板吊顶、无机涂料</td></tr>
<tr><td>内墙面</td><td colspan="8">无机涂料</td></tr>
<tr><td>外墙面</td><td colspan="8">外墙涂料、纤维增强水泥板</td></tr>
<tr><td>门窗</td><td colspan="8">钢质防火门、铝合金窗（低辐射钢化玻璃）、防火卷帘门、钢质滑升门</td></tr>
<tr><td rowspan="5">机电安装工程</td><td>电气</td><td colspan="8">低压开关柜（屏）3 台、配电箱 17 台</td></tr>
<tr><td>给排水</td><td colspan="8">冷水系统：钢塑复合管、PPR 管；排水系统：U-PVC 管、HDPE 管、镀锌钢管</td></tr>
<tr><td>通风空调</td><td colspan="8">轴流式消防排烟风机 3 台</td></tr>
<tr><td>智能化</td><td colspan="8">综合布线系统</td></tr>
<tr><td>消防</td><td colspan="8">喷淋系统、消火栓系统、火灾自动报警系统、智能消防安全疏散应急照明 / 标志灯系统</td></tr>
</table>

工程造价指标分析表　　　　表 1-8-17

建筑面积：7787.73m^2　　　　经济指标：2281.30元/m^2

<table>
<tr><td colspan="3">专业</td><td>工程造价（万元）</td><td>造价比例</td><td>经济指标（元 /m^2）</td></tr>
<tr><td colspan="3">建筑装饰工程</td><td>1499.46</td><td>84.40%</td><td>1925.42</td></tr>
<tr><td colspan="3">机电安装工程</td><td>277.15</td><td>15.60%</td><td>355.88</td></tr>
<tr><td rowspan="7">其中</td><td rowspan="2">建筑装饰工程</td><td>建筑</td><td>1313.88</td><td>73.95%</td><td>1687.12</td></tr>
<tr><td>装修</td><td>185.58</td><td>10.45%</td><td>238.30</td></tr>
<tr><td rowspan="5">机电安装工程</td><td>电气</td><td>92.24</td><td>5.19%</td><td>118.44</td></tr>
<tr><td>通风空调</td><td>40.16</td><td>2.26%</td><td>51.57</td></tr>
<tr><td>给排水</td><td>11.19</td><td>0.63%</td><td>14.37</td></tr>
<tr><td>消防</td><td>107.17</td><td>6.03%</td><td>137.61</td></tr>
<tr><td>智能化</td><td>26.39</td><td>1.49%</td><td>33.89</td></tr>
</table>

土建造价含量表　　表 1-8-18

指标类型				造价含量
混凝土	主体	柱	含量（m^3/m^2）	0.08
			价格（元 /m^3）	828.74
		梁、板	含量（m^3/m^2）	0.25
			价格（元 /m^3）	700.97
		墙	含量（m^3/m^2）	0.00
			价格（元 /m^3）	826.89
		含量小计		0.33
	基础	承台	含量（m^3/m^2）	0.03
			价格（元 /m^3）	707.80
		含量小计		0.03
	其他	其他混凝土	含量（m^3/m^2）	0.00
			价格（元 /m^3）	776.30
		含量小计		0.00
	含量合计			0.36
钢筋	钢筋	钢筋	含量（kg/m^2）	52.09
			价格（元 /t）	5158.34
		含量小计		52.09
	含量合计			52.09
模板	主体	柱	含量（m^2/m^2）	0.47
			价格（元 /m^2）	77.57
		梁、板	含量（m^2/m^2）	1.47
			价格（元 /m^2）	89.51
		墙	含量（m^2/m^2）	0.01
			价格（元 /m^2）	46.84
		含量小计		1.95
	基础	其他基础	含量（m^2/m^2）	0.04
			价格（元 /m^2）	48.00
		含量小计		0.04
	其他	其他模板	含量（m^2/m^2）	0.16
			价格（元 /m^2）	70.10
		含量小计		0.16
	含量合计			2.15

机电造价含量表 表 1-8-19

专业	部位	系统	单位	总工程量	总价（万元）	百方含量	单方造价（元）
消防	消防报警末端	模块	个	110.00	4.61	1.41	5.93
		温感、烟感	个	227.00	2.87	2.91	3.68
		小计	—	—	7.48	—	9.61
	消防水	喷头	个	937.00	3.67	12.03	4.72
		消火栓箱	套	28.00	2.70	0.36	3.46
		小计	—	—	6.37	—	8.18
电气	管线	电线管	m	7283.30	18.03	93.52	23.16
		电线	m	10531.00	4.07	135.23	5.23
		电缆	m	2554.82	31.17	32.81	40.02
		线槽、桥架	m	191.75	2.87	2.46	3.69
		小计	—	—	56.14	—	72.10
	终端	开关插座	个	94.00	0.28	1.21	0.36
		泛光照明灯具	套	179.00	4.11	2.30	5.28
		小计	—	—	4.39	—	5.64
	设备	配电箱	台	17.00	7.21	0.22	9.26
		高低压配电柜	台	3.00	12.96	0.04	16.64
		小计	—	—	20.17	—	25.90
给排水	末端	洁具、地漏	组	33.00	0.45	0.42	0.58
		小计	—	—	0.45	—	0.58
	管线	水管	m	1113.34	6.82	14.30	8.75
		阀门	个	13.00	0.42	0.17	0.54
		小计	—	—	7.24	—	9.29
通风空调	保温	风阀	个	43.00	4.16	0.55	5.34
		小计	—	—	4.16	—	5.34
	末端	风口	个	42.00	1.61	0.54	2.06
		小计	—	—	1.61	—	2.06
	管线	风管	m^2	1590.08	31.20	20.42	40.06
		小计	—	—	31.20	—	40.06
	设备	风机	台	3.00	1.78	0.04	2.28
		小计	—	—	1.78	—	2.28

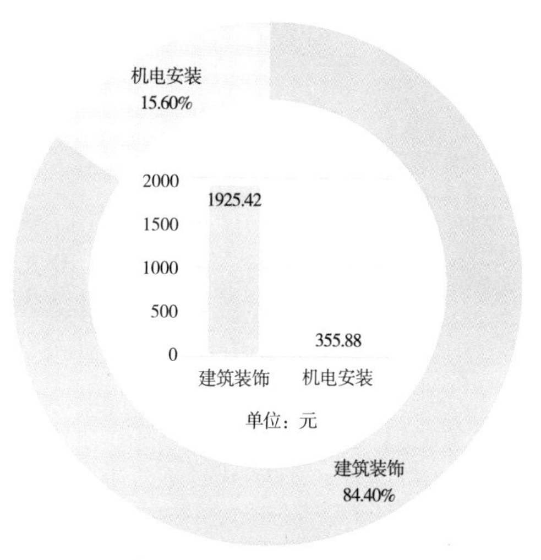

图1-8-13　专业造价对比

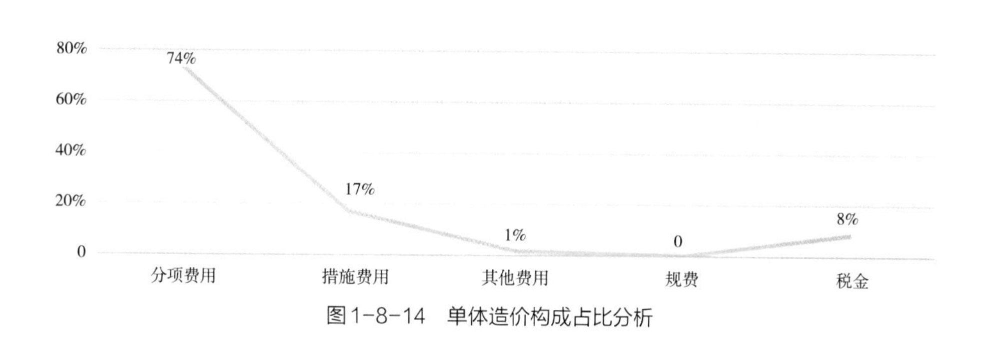

图1-8-14　单体造价构成占比分析

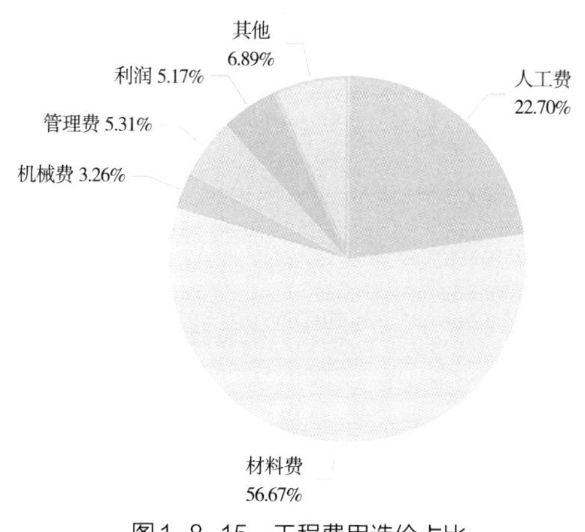

图1-8-15　工程费用造价占比

某成品类仓库工程（2层）

工程概况表　　　　表 1-8-20

<table>
<tr><td colspan="2" rowspan="2">计价时期</td><td>年份</td><td>2020</td><td rowspan="2">计价地区</td><td>省份</td><td>广东</td><td>建设类型</td><td colspan="2">新建</td></tr>
<tr><td>月份</td><td>7</td><td>城市</td><td>广州</td><td>工程造价（万元）</td><td colspan="2">3839.89</td></tr>
<tr><td colspan="2">专业类别</td><td colspan="2">房建工程</td><td>工程类别</td><td colspan="2">厂房（机房）</td><td rowspan="2">计价依据</td><td>清单</td><td>2013</td></tr>
<tr><td colspan="2">计税模式</td><td colspan="2">增值税</td><td>建筑物类型</td><td colspan="2">小型厂房</td><td>定额</td><td>2018</td></tr>
<tr><td colspan="2" rowspan="2">建筑面积（m²）</td><td>±0.00 以下</td><td>0</td><td rowspan="2">高度（m）</td><td>±0.00 以下</td><td>0</td><td rowspan="2">层数</td><td>±0.00 以下</td><td>0</td></tr>
<tr><td>±0.00 以上</td><td>16207.32</td><td>±0.00 以上</td><td>22.70</td><td>±0.00 以上</td><td>2</td></tr>
<tr><td rowspan="8">建筑装饰工程</td><td>结构形式</td><td colspan="8">现浇钢筋混凝土结构</td></tr>
<tr><td>砌体 / 隔墙</td><td colspan="8">蒸压加气混凝土砌块、水泥砖</td></tr>
<tr><td>屋面工程</td><td colspan="8">钢板复合隔热保温屋面、采光板屋面、高分子防水卷材、聚苯乙烯泡沫保温板</td></tr>
<tr><td>楼地面</td><td colspan="8">金刚砂楼地面、防滑砖</td></tr>
<tr><td>天棚</td><td colspan="8">铝扣板吊顶、矿棉板吊顶</td></tr>
<tr><td>内墙面</td><td colspan="8">无机涂料、陶瓷砖</td></tr>
<tr><td>外墙面</td><td colspan="8">双层压型钢板复合保温墙、外墙涂料</td></tr>
<tr><td>门窗</td><td colspan="8">钢质防火门、铝合金窗（透明钢化玻璃）、铝合金百叶窗、滑升门</td></tr>
<tr><td rowspan="4">机电安装工程</td><td>电气</td><td colspan="8">配电箱 48 台</td></tr>
<tr><td>给排水</td><td colspan="8">冷水系统：PPR 管；排水系统：U-PVC 管</td></tr>
<tr><td>通风空调</td><td colspan="8">通风器 28 台、防排烟系统</td></tr>
<tr><td>消防</td><td colspan="8">火灾自动报警系统、防火门监控系统、电气火灾监控系统、消防设备电源监控系统、消火栓系统、喷淋系统</td></tr>
</table>

工程造价指标分析表　　　　表 1-8-21

建筑面积：16207.32m²　　　　经济指标：2369.23元/m²

<table>
<tr><td colspan="3">专业</td><td>工程造价（万元）</td><td>造价比例</td><td>经济指标（元 /m²）</td></tr>
<tr><td colspan="3">建筑装饰工程</td><td>3263.54</td><td>84.99%</td><td>2013.62</td></tr>
<tr><td colspan="3">机电安装工程</td><td>576.35</td><td>15.01%</td><td>355.61</td></tr>
<tr><td rowspan="7">其中</td><td rowspan="2">建筑装饰工程</td><td>建筑</td><td>2945.45</td><td>76.71%</td><td>1817.36</td></tr>
<tr><td>装修</td><td>318.09</td><td>8.28%</td><td>196.26</td></tr>
<tr><td rowspan="5">机电安装工程</td><td>电气</td><td>104.05</td><td>2.71%</td><td>64.20</td></tr>
<tr><td>通风空调</td><td>96.54</td><td>2.51%</td><td>59.57</td></tr>
<tr><td>给排水</td><td>15.17</td><td>0.40%</td><td>9.36</td></tr>
<tr><td>消防</td><td>357.07</td><td>9.30%</td><td>220.31</td></tr>
<tr><td>措施、其他费用</td><td>3.52</td><td>0.09%</td><td>2.17</td></tr>
</table>

土建造价含量表　　表 1-8-22

指标类型				造价含量
混凝土	主体	柱	含量（m^3/m^2）	0.06
			价格（元 /m^3）	860.23
		梁、板	含量（m^3/m^2）	0.18
			价格（元 /m^3）	762.55
		含量小计		0.24
	基础	承台	含量（m^3/m^2）	0.05
			价格（元 /m^3）	734.74
		其他基础	含量（m^3/m^2）	0.15
			价格（元 /m^3）	738.80
		含量小计		0.20
	其他	其他混凝土	含量（m^3/m^2）	0.02
			价格（元 /m^3）	897.04
		含量小计		0.02
	含量合计			0.46
钢筋	钢筋	钢筋	含量（kg/m^2）	64.22
			价格（元 /t）	5345.43
		含量小计		64.22
	含量合计			64.22
模板	主体	柱	含量（m^2/m^2）	0.30
			价格（元 /m^2）	118.58
		梁、板	含量（m^2/m^2）	1.09
			价格（元 /m^2）	170.89
		墙	含量（m^2/m^2）	0.06
			价格（元 /m^2）	46.47
		含量小计		1.45
	基础	其他基础	含量（m^2/m^2）	0.05
			价格（元 /m^2）	34.75
		含量小计		0.05
	其他	其他模板	含量（m^2/m^2）	0.22
			价格（元 /m^2）	65.35
		含量小计		0.22
	含量合计			1.72

机电造价含量表 表 1-8-23

专业	部位	系统	单位	总工程量	总价（万元）	百方含量	单方造价（元）
消防	消防报警末端	广播	个	32.00	0.25	0.20	0.15
		模块	个	162.00	3.68	1.00	2.27
		温感、烟感	个	532.00	5.90	3.28	3.64
		小计	—	—	9.83	—	6.06
	消防水	喷头	个	2342.00	23.05	14.45	14.22
		消火栓箱	套	56.00	6.62	0.35	4.08
		小计	—	—	29.67	—	18.30
电气	管线	电线管	m	14226.86	23.34	87.78	14.40
		电线	m	35047.62	15.20	216.25	9.38
		电缆	m	6441.28	10.77	39.74	6.65
		线槽、桥架	m	710.65	9.17	4.38	5.66
		小计	—	—	58.48	—	36.09
	终端	开关插座	个	60.00	0.32	0.37	0.20
		泛光照明灯具	套	1393.00	20.56	8.59	12.69
		小计	—	—	20.88	—	12.89
	设备	配电箱	台	48.00	8.49	0.30	5.24
		小计	—	—	8.49	—	5.24
给排水	末端	洁具、地漏	组	51.00	2.54	0.31	1.57
		小计	—	—	2.54	—	1.57
	管线	水管	m	1085.70	11.31	6.70	6.98
		阀门	个	8.00	0.22	0.05	0.14
		小计	—	—	11.53	—	7.12
通风空调	保温	风阀	个	48.00	6.36	0.30	3.93
		小计	—	—	6.36	—	3.93
	末端	风口	个	84.00	3.97	0.52	2.45
		小计	—	—	3.97	—	2.45
	管线	风管	m^2	2035.95	67.41	12.56	41.59
		小计	—	—	67.41	—	41.59
	设备	风机	台	36.00	13.29	0.22	8.20
		小计	—	—	13.29	—	8.20

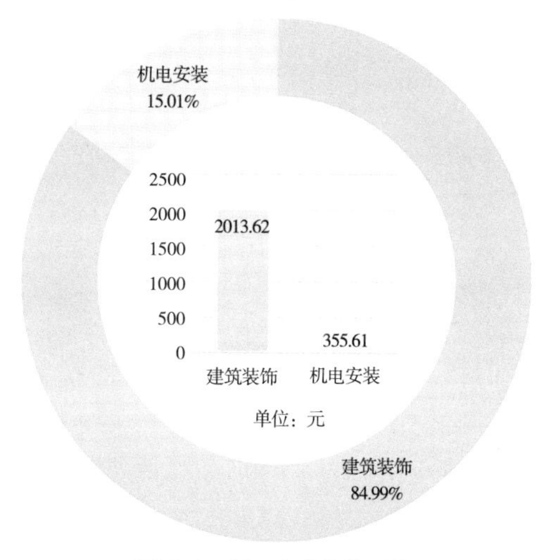

图 1-8-16　专业造价对比

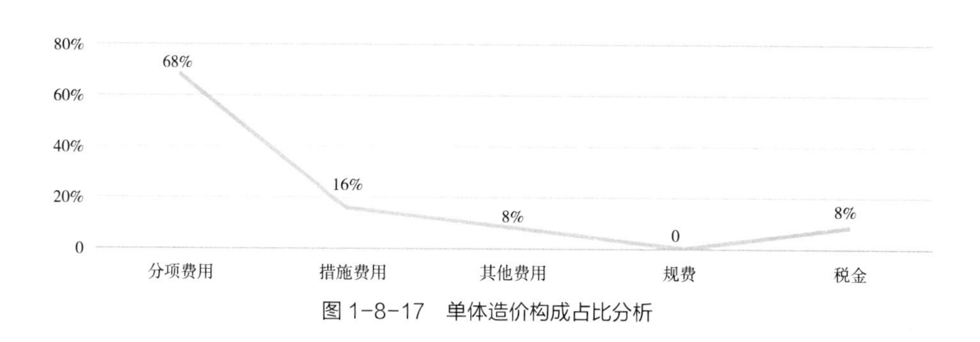

图 1-8-17　单体造价构成占比分析

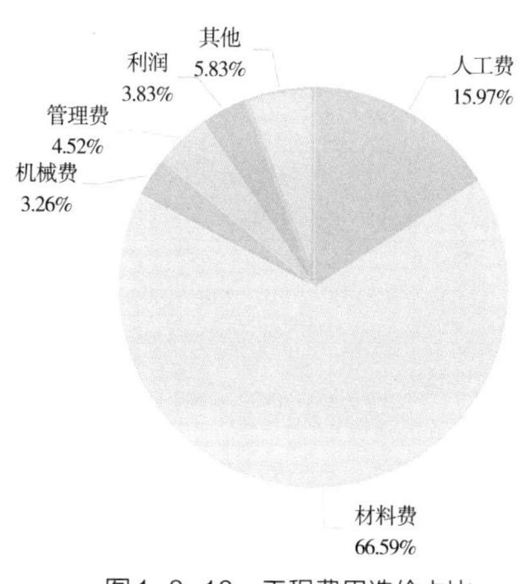

图1-8-18　工程费用造价占比

第九节　地下室

某地下室工程 1（1 层）

工程概况表　　表 1-9-1

<table>
<tr><td rowspan="2">计价时期</td><td>年份</td><td>2019</td><td rowspan="2">计价地区</td><td>省份</td><td>广东</td><td>建设类型</td><td colspan="2">新建</td></tr>
<tr><td>月份</td><td>4</td><td>城市</td><td>广州</td><td>工程造价（万元）</td><td colspan="2">12767.69</td></tr>
<tr><td>专业类别</td><td colspan="2">房建工程</td><td rowspan="2">工程类别</td><td colspan="2" rowspan="2">教育建筑</td><td rowspan="2">计价依据</td><td>清单</td><td>2013</td></tr>
<tr><td>计税模式</td><td colspan="2">增值税</td><td>定额</td><td>2018</td></tr>
<tr><td rowspan="2">建筑面积（m²）</td><td>±0.00 以下</td><td>18411.00</td><td rowspan="2">高度（m）</td><td>±0.00 以下</td><td>5.40</td><td rowspan="2">层数</td><td>±0.00 以下</td><td>1</td></tr>
<tr><td>±0.00 以上</td><td>0</td><td>±0.00 以上</td><td>0</td><td>±0.00 以上</td><td>0</td></tr>
<tr><td rowspan="6">建筑装饰工程</td><td>基础</td><td colspan="7">满堂基础、桩承台（不含桩）</td></tr>
<tr><td>砌体 / 隔墙</td><td colspan="7">加气混凝土砌块</td></tr>
<tr><td>楼地面</td><td colspan="7">耐磨砖、踏步砖、耐磨地坪漆</td></tr>
<tr><td>天棚</td><td colspan="7">喷大白浆</td></tr>
<tr><td>内墙面</td><td colspan="7">无光乳胶漆、无机涂料、喷大白浆</td></tr>
<tr><td>门窗</td><td colspan="7">钢质防火门、钢质特级防火卷帘门、金属百叶窗</td></tr>
<tr><td rowspan="5">机电安装工程</td><td>电气</td><td colspan="7">配电箱 80 台</td></tr>
<tr><td>给排水</td><td colspan="7">中水系统：PE 管；冷水系统：不锈钢管；排水系统：镀锌钢管、涂塑钢管</td></tr>
<tr><td>通风空调</td><td colspan="7">排风机 8 台、排烟风机 12 台、送风机 1 台</td></tr>
<tr><td>智能化</td><td colspan="7">空调自控系统、视频监控系统</td></tr>
<tr><td>消防</td><td colspan="7">喷淋系统、消火栓系统</td></tr>
<tr><td colspan="2">人防工程</td><td colspan="7">防护密闭门、密闭门、防爆波悬板活门、人防标志牌、人防电气工程、人防给排水工程、人防通风空调工程</td></tr>
</table>

工程造价指标分析表　　表 1-9-2

建筑面积：18411.00m²　　经济指标：6934.81元/m²

<table>
<tr><td colspan="3">专业</td><td>工程造价（万元）</td><td>造价比例</td><td>经济指标（元/m²）</td></tr>
<tr><td colspan="3">建筑装饰工程</td><td>10781.45</td><td>84.44%</td><td>5855.98</td></tr>
<tr><td colspan="3">机电安装工程</td><td>1442.62</td><td>11.30%</td><td>783.56</td></tr>
<tr><td colspan="3">人防工程</td><td>543.62</td><td>4.26%</td><td>295.27</td></tr>
<tr><td rowspan="4">其中</td><td rowspan="2">建筑装饰工程</td><td>建筑</td><td>10284.90</td><td>80.55%</td><td>5586.28</td></tr>
<tr><td>装修</td><td>496.55</td><td>3.89%</td><td>269.70</td></tr>
<tr><td rowspan="2">机电安装工程</td><td>电气</td><td>547.57</td><td>4.29%</td><td>297.41</td></tr>
<tr><td>通风空调</td><td>107.22</td><td>0.84%</td><td>58.24</td></tr>
</table>

续表

专业			工程造价（万元）	造价比例	经济指标（元/m²）
其中	机电安装工程	给排水	244.63	1.92%	132.87
		消防	533.17	4.17%	289.59
		智能化	10.03	0.08%	5.45
	人防工程	电气	95.52	0.75%	51.88
		给排水	19.83	0.16%	10.77
		人防门	374.68	2.93%	203.51
		暖通	53.59	0.42%	29.11

土建造价含量表　　　　表 1-9-3

指标类型				造价含量
混凝土	主体	柱	含量（m^3/m^2）	0.04
			价格（元/m^3）	803.21
		梁、板	含量（m^3/m^2）	0.42
			价格（元/m^3）	674.52
		墙	含量（m^3/m^2）	0.16
			价格（元/m^3）	721.33
		含量小计		0.62
	基础	承台	含量（m^3/m^2）	0.12
			价格（元/m^3）	681.27
		其他基础	含量（m^3/m^2）	0.49
			价格（元/m^3）	680.32
		含量小计		0.61
	其他	其他混凝土	含量（m^3/m^2）	0.06
			价格（元/m^3）	774.67
		含量小计		0.06
	含量合计			1.29
钢筋	钢筋	钢筋	含量（kg/m^2）	202.75
			价格（元/t）	5131.72
		含量小计		202.75
	含量合计			202.75
模板	主体	柱	含量（m^2/m^2）	0.20
			价格（元/m^2）	81.46
		梁、板	含量（m^2/m^2）	1.75
			价格（元/m^2）	81.39
		墙	含量（m^2/m^2）	0.81
			价格（元/m^2）	55.61
		含量小计		2.76
	其他	其他模板	含量（m^2/m^2）	0.11
			价格（元/m^2）	93.40
		含量小计		0.11
	含量合计			2.87

机电造价含量表 表 1-9-4

专业	部位	系统	单位	总工程量	总价（万元）	百方含量	单方造价（元）
消防	消防报警末端	广播	个	76.00	0.93	0.41	0.50
		模块	个	149.00	10.74	0.81	5.83
		温感、烟感	个	453.00	8.19	2.46	4.45
		小计	—	—	19.86	—	10.78
	消防水	喷头	个	2175.00	18.26	11.81	9.92
		泵	套	9.00	28.17	0.05	15.30
		消火栓箱	套	56.00	9.61	0.30	5.22
		小计	—	—	56.04	—	30.44
	消防电设备	广播主机	台	1.00	0.31	0.01	0.17
		报警主机	台	1.00	1.79	0.01	0.97
		小计	—	—	2.10	—	1.14
电气	管线	电线管	m	17843.03	42.01	96.92	22.82
		电线	m	50963.30	25.83	276.81	14.03
		电缆	m	11787.12	246.67	64.02	133.98
		线槽、桥架	m	1602.06	32.85	8.70	17.84
		小计	—	—	347.36	—	188.68
	终端	开关插座	个	151.00	0.61	0.82	0.33
		泛光照明灯具	套	1541.00	31.35	8.37	17.03
		小计	—	—	31.96	—	17.36
	设备	配电箱	台	80.00	24.02	0.43	13.04
		小计	—	—	24.02	—	13.04
给排水	末端	洁具、地漏	组	25.00	0.22	0.14	0.12
		小计	—	—	0.22	—	0.12
	管线	水管	m	3320.18	73.09	18.03	39.70
		阀门	个	357.00	90.93	1.94	49.39
		小计	—	—	164.02	—	89.09
	设备	水箱	台	2.00	19.14	0.01	10.40
		泵	套	71.00	58.09	0.39	31.55
		小计	—	—	77.23	—	41.95
通风空调	保温	风阀	个	174.00	18.02	0.95	9.79
		小计	—	—	18.02	—	9.79
	末端	风口	个	351.00	8.63	1.91	4.69
		小计	—	—	8.63	—	4.69
	管线	风管	m^2	2565.76	45.93	13.94	24.95
		小计	—	—	45.93	—	24.95
	设备	风机	台	21.00	27.76	0.11	15.08
		小计	—	—	27.76	—	15.08

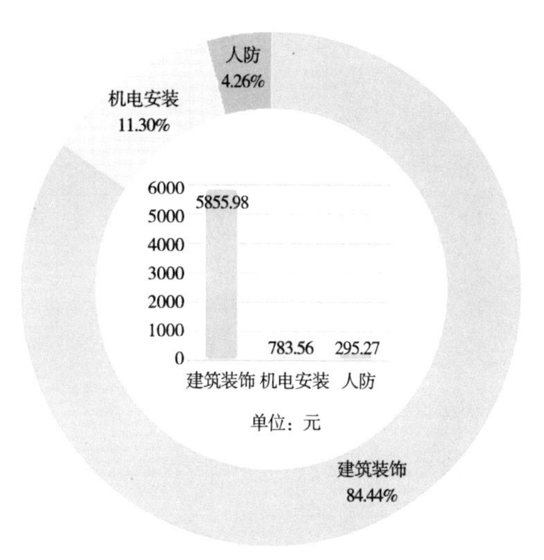

图 1-9-1　专业造价对比

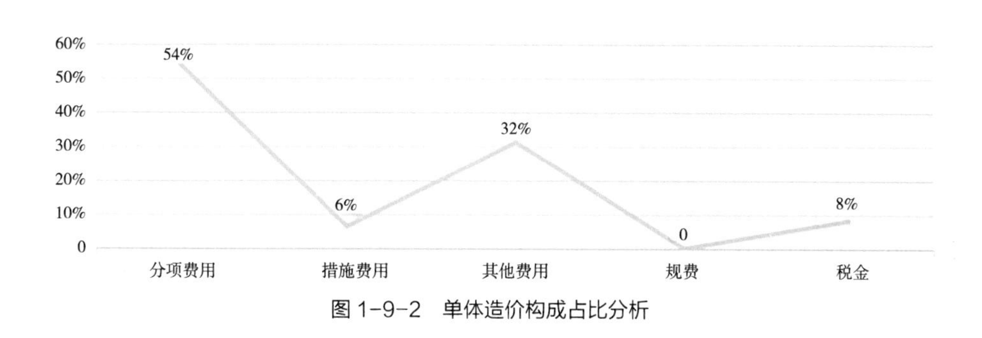

图 1-9-2　单体造价构成占比分析

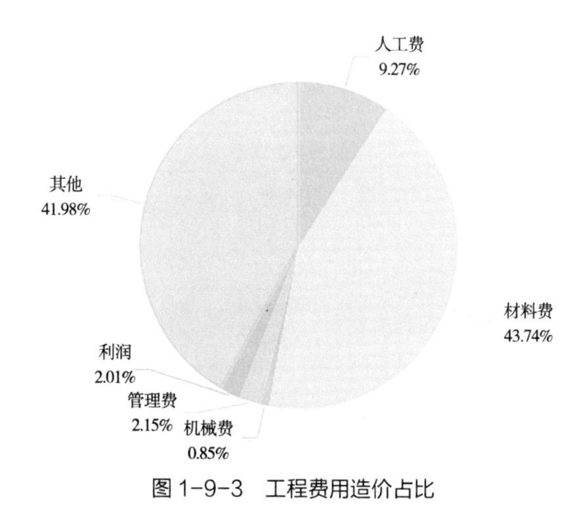

图 1-9-3　工程费用造价占比

某地下室工程 2（1 层）

工程概况表 表 1-9-5

计价时期	年份	2018	计价地区	省份	广东	建设类型	新建	
	月份	2		城市	广州	工程造价（万元）	34804.80	
专业类别	房建工程		工程类别	卫生建筑		计价依据	清单	2013
计税模式	增值税						定额	2010
建筑面积（m^2）	±0.00 以下	61032.46	高度（m）	±0.00 以下	5.20	层数	±0.00 以下	1
	±0.00 以上	0		±0.00 以上	0		±0.00 以上	0
建筑装饰工程	基础	ϕ500mm 预制钢筋混凝土管桩						
	结构形式	现浇钢筋混凝土结构						
	砌体 / 隔墙	混凝土实心砖、灰砂砖						
	楼地面	环氧树脂自流平楼地面、800mm×800mm 防滑砖、600mm×600mm 陶瓷砖、300mm×300mm 陶瓷砖、不锈钢板						
	天棚	防霉防潮涂料、硅钙板吊顶、铝合金板吊顶、铝扣板吊顶、木纹铝格栅吊顶						
	内墙面	防霉防潮无机涂料、人造石材板、无机涂料、400mm×800mm 抛光砖、树脂板、铝板、穿孔板、陶瓷砖、不锈钢板						
	门窗	木质门、钢质防火门、防火卷帘门、卷帘门、铝合金门窗（6+12A+6 蓝灰色高透光中空 Low-E 钢化玻璃、无色透明玻璃）、金属百叶窗、金属（塑钢、断桥）窗（普通玻璃、无色透明玻璃、6+12A+6mm 蓝灰色中空 Low-E 磨砂钢化玻璃、6+12A+6mm 蓝灰色中空 Low-E 磨砂钢化玻璃）						
机电安装工程	电气	配电箱 184 台						
	给排水	冷热水系统：不锈钢管、钢塑复合管、CPVC 管；排水系统：铸铁管、钢塑复合管						
	通风空调	离心风机 34 台、进风机 2 台、排风机 2 台、风机 87 台、空调器 6 台、空调机组 5 台、多联机室内机 22 台、多联机室外机 1 台						
	消防	火灾自动报警系统、气体灭火系统						
人防工程		防护密闭门、密闭门、悬摆式防爆波活门、防火密闭观察窗、人防通风工程、人防电气工程、人防给排水工程						

工程造价指标分析表 表 1-9-6

建筑面积：61032.46m^2 经济指标：5702.66元/m^2

专业			工程造价（万元）	造价比例	经济指标（元 /m^2）
建筑装饰工程			28372.37	81.52%	4648.73
机电安装工程			5106.24	14.67%	836.64
人防工程			1326.19	3.81%	217.29
其中	建筑装饰工程	建筑	24885.48	71.50%	4077.41
		装修	3486.89	10.02%	571.32
	机电安装工程	电气	1853.29	5.32%	303.65
		通风空调	1293.31	3.72%	211.90
		给排水	702.89	2.02%	115.17
		消防	1256.75	3.61%	205.92

续表

专业			工程造价（万元）	造价比例	经济指标（元/m²）
其中	人防工程	电气	82.94	0.24%	13.59
		给排水	95.33	0.27%	15.62
		人防门	981.70	2.82%	160.85
		暖通	166.22	0.48%	27.23

土建造价含量表　　**表 1-9-7**

指标类型				造价含量
混凝土	主体	柱	含量（m³/m²）	0.04
			价格（元/m³）	819.95
		梁、板	含量（m³/m²）	0.35
			价格（元/m³）	755.40
		墙	含量（m³/m²）	0.19
			价格（元/m³）	802.24
		含量小计		0.58
	基础	承台	含量（m³/m²）	0.11
			价格（元/m³）	801.47
		其他基础	含量（m³/m²）	0.60
			价格（元/m³）	757.89
		含量小计		0.71
	其他	其他混凝土	含量（m³/m²）	0.03
			价格（元/m³）	795.26
		含量小计		0.03
	含量合计			1.32
钢筋	钢筋	钢筋	含量（kg/m²）	165.08
			价格（元/t）	4977.13
		含量小计		165.08
	含量合计			165.08
模板	主体	柱	含量（m²/m²）	0.24
			价格（元/m²）	78.60
		梁、板	含量（m²/m²）	1.34
			价格（元/m²）	85.15
		墙	含量（m²/m²）	0.83
			价格（元/m²）	51.07
		含量小计		2.41
	基础	其他基础	含量（m²/m²）	0.04
			价格（元/m²）	38.40
		含量小计		0.04
	其他	其他模板	含量（m²/m²）	0.03
			价格（元/m²）	111.38
		含量小计		0.03
	含量合计			2.48

机电造价含量表 表 1-9-8

专业	部位	系统	单位	总工程量	总价（万元）	百方含量	单方造价（元）
消防	消防报警末端	广播	个	117.00	1.45	0.19	0.24
		模块	个	1220.00	53.00	2.00	8.68
		温感、烟感	个	1716.00	51.81	2.81	8.49
		小计	—	—	106.26	—	17.41
	消防水	喷头	个	7986.00	50.18	13.08	8.22
		消火栓箱	套	196.00	43.03	0.32	7.05
		小计	—	—	93.21	—	15.27
电气	管线	母线	m	211.33	77.46	0.35	12.69
		电线管	m	30776.55	82.46	50.43	13.51
		电线	m	113648.94	50.80	186.21	8.32
		电缆	m	56973.75	1200.44	93.35	196.69
		线槽、桥架	m	11771.49	173.36	19.29	28.40
		小计	—	—	1584.52	—	259.61
	终端	开关插座	个	1567.00	5.33	2.57	0.87
		泛光照明灯具	套	3256.00	44.95	5.33	7.36
		小计	—	—	50.28	—	8.23
	设备	配电箱	台	184.00	142.06	0.30	23.28
		小计	—	—	142.06	—	23.28
给排水	末端	洁具、地漏	组	220.00	26.77	0.36	4.39
		小计	—	—	26.77	—	4.39
	管线	水管	m	9831.98	197.54	16.11	32.37
		阀门	个	776.00	178.09	1.27	29.18
		小计	—	—	375.63	—	61.55
	设备	水箱	台	3.00	62.50	0.00	10.24
		泵	套	162.00	173.72	0.27	28.46
		小计	—	—	236.22	—	38.70
通风空调	保温	风阀	个	574.00	80.77	0.94	13.23
		小计	—	—	80.77	—	13.23
	末端	风口	个	975.00	33.64	1.60	5.51
		风机盘管	台	127.00	25.70	0.21	4.21
		小计	—	—	59.34	—	9.72
	管线	风管	m^2	5557.71	108.72	9.11	17.81
		小计	—	—	108.72	—	17.81
	设备	泵	套	19.00	131.81	0.03	21.60
		空调器	台	34.00	84.80	0.06	13.89
		风机	台	87.00	163.20	0.14	26.74
		小计	—	—	379.81	—	62.23

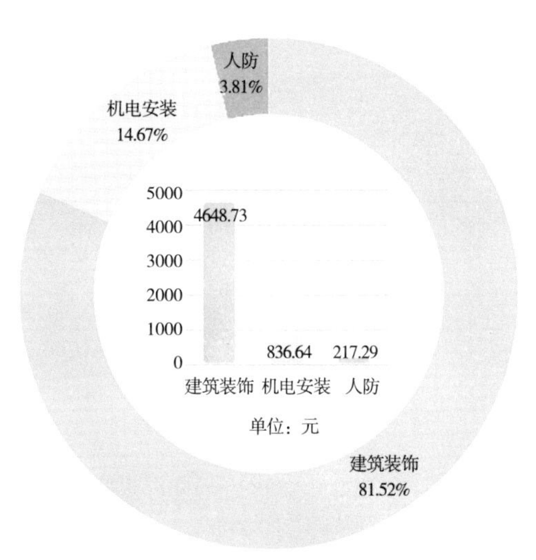

图 1-9-4　专业造价对比

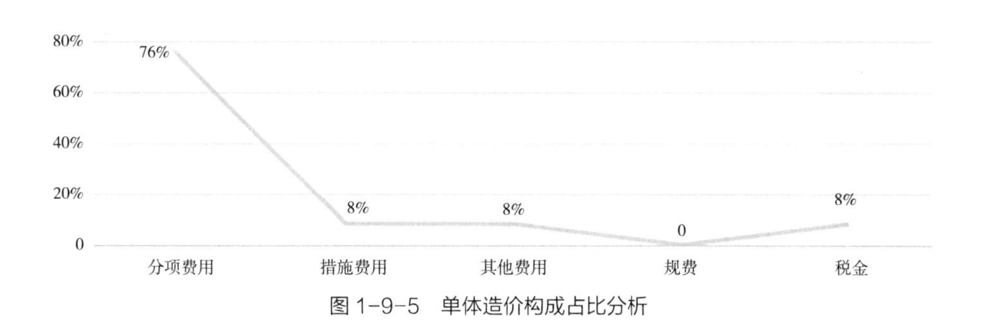

图 1-9-5　单体造价构成占比分析

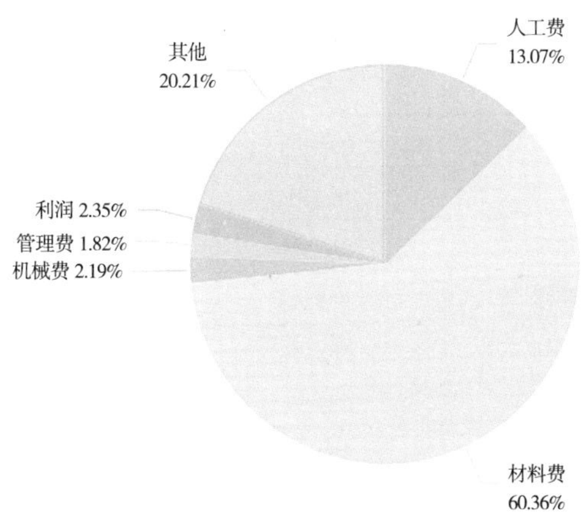

图 1-9-6　工程费用造价占比

某地下室工程 3（1 层）

工程概况表 表 1-9-9

<table>
<tr><td rowspan="2">计价时期</td><td>年份</td><td>2016</td><td rowspan="2">计价地区</td><td>省份</td><td>广东</td><td>建设类型</td><td colspan="2">新建</td></tr>
<tr><td>月份</td><td>2</td><td>城市</td><td>广州</td><td>工程造价（万元）</td><td colspan="2">6932.27</td></tr>
<tr><td>专业类别</td><td colspan="2">房建工程</td><td>工程类别</td><td colspan="2">办公建筑</td><td rowspan="2">计价依据</td><td>清单</td><td>2013</td></tr>
<tr><td>计税模式</td><td colspan="2">增值税</td><td>建筑物类型</td><td colspan="2">单层建筑</td><td>定额</td><td>2010</td></tr>
<tr><td rowspan="2">建筑面积（m²）</td><td>± 0.00 以下</td><td>15421.60</td><td rowspan="2">高度（m）</td><td>± 0.00 以下</td><td>4.33</td><td rowspan="2">层数</td><td>± 0.00 以下</td><td>1</td></tr>
<tr><td>± 0.00 以上</td><td>0</td><td>± 0.00 以上</td><td>0</td><td>± 0.00 以上</td><td>0</td></tr>
<tr><td rowspan="7">建筑装饰工程</td><td>基础</td><td colspan="7">φ800mm、φ1000mm、φ1200mm 钻孔灌注桩</td></tr>
<tr><td>结构形式</td><td colspan="7">现浇钢筋混凝土结构</td></tr>
<tr><td>砌体 / 隔墙</td><td colspan="7">灰砂砖</td></tr>
<tr><td>楼地面</td><td colspan="7">环氧树脂自流平楼地面</td></tr>
<tr><td>天棚</td><td colspan="7">喷大白浆</td></tr>
<tr><td>内墙面</td><td colspan="7">玻璃纤维吸声板</td></tr>
<tr><td>门窗</td><td colspan="7">钢质防火门、密闭门、防火卷帘门、木质门</td></tr>
<tr><td rowspan="4">机电安装工程</td><td>电气</td><td colspan="7">配电箱 12 台</td></tr>
<tr><td>给排水</td><td colspan="7">冷水系统：衬塑钢管；排水系统：镀锌钢管</td></tr>
<tr><td>通风空调</td><td colspan="7">风机 10 台、制冷主机 2 台、冷冻水泵 6 台</td></tr>
<tr><td>消防</td><td colspan="7">喷淋系统、消火栓系统</td></tr>
<tr><td colspan="2">人防工程</td><td colspan="7">密闭门、人防电气工程、人防通风空调工程、人防给排水工程</td></tr>
</table>

工程造价指标分析表 表 1-9-10

建筑面积：15421.60m² 经济指标：4495.16元/m²

<table>
<tr><td colspan="3">专业</td><td>工程造价（万元）</td><td>造价比例</td><td>经济指标（元 /m²）</td></tr>
<tr><td colspan="3">建筑装饰工程</td><td>6272.26</td><td>90.48%</td><td>4067.19</td></tr>
<tr><td colspan="3">机电安装工程</td><td>660.01</td><td>9.52%</td><td>427.97</td></tr>
<tr><td rowspan="6">其中</td><td rowspan="2">建筑装饰工程</td><td>建筑</td><td>5427.34</td><td>78.29%</td><td>3519.31</td></tr>
<tr><td>装修</td><td>844.92</td><td>12.19%</td><td>547.88</td></tr>
<tr><td rowspan="4">机电安装工程</td><td>电气</td><td>10.18</td><td>0.15%</td><td>6.60</td></tr>
<tr><td>通风空调</td><td>333.80</td><td>4.82%</td><td>216.45</td></tr>
<tr><td>给排水</td><td>122.99</td><td>1.77%</td><td>79.75</td></tr>
<tr><td>消防</td><td>193.04</td><td>2.78%</td><td>125.17</td></tr>
</table>

土建造价含量表　　　　表 1-9-11

指标类型				造价含量
混凝土	主体	柱	含量（m^3/m^2）	0.05
			价格（元 /m^3）	591.78
		梁、板	含量（m^3/m^2）	0.40
			价格（元 /m^3）	502.71
		墙	含量（m^3/m^2）	0.11
			价格（元 /m^3）	591.42
		含量小计		0.56
	基础	承台	含量（m^3/m^2）	0.11
			价格（元 /m^3）	550.78
		其他基础	含量（m^3/m^2）	0.49
			价格（元 /m^3）	550.78
		含量小计		0.60
	其他	其他混凝土	含量（m^3/m^2）	0.03
			价格（元 /m^3）	582.41
		含量小计		0.03
	含量合计			1.19
钢筋	钢筋	钢筋	含量（kg/m^2）	213.20
			价格（元 /t）	3328.69
		含量小计		213.20
	含量合计			213.20
模板	主体	柱	含量（m^2/m^2）	0.19
			价格（元 /m^2）	67.90
		梁、板	含量（m^2/m^2）	0.83
			价格（元 /m^2）	70.38
		墙	含量（m^2/m^2）	0.64
			价格（元 /m^2）	41.59
		含量小计		1.66
	基础	其他基础	含量（m^2/m^2）	0.04
			价格（元 /m^2）	37.62
		含量小计		0.04
	其他	其他模板	含量（m^2/m^2）	0.23
			价格（元 /m^2）	80.28
		含量小计		0.23
	含量合计			1.93

机电造价含量表

表 1-9-12

专业	部位	系统	单位	总工程量	总价（万元）	百方含量	单方造价（元）
消防	消防水	喷头	个	1673.00	9.18	10.85	5.95
		泵	套	8.00	21.88	0.05	14.19
		消火栓箱	套	49.00	6.67	0.32	4.33
		小计	—	—	37.73	—	24.47
电气	管线	电线管	m	490.57	2.34	3.18	1.52
		电缆	m	512.57	4.07	3.32	2.64
		小计	—	—	6.41	—	4.16
	设备	配电箱	台	12.00	3.14	0.08	2.04
		小计	—	—	3.14	—	2.04
给排水	末端	洁具、地漏	组	2.00	0.01	0.01	0.01
		小计	—	—	0.01	—	0.01
	管线	水管	m	2171.95	23.15	14.08	15.01
		阀门	个	423.00	20.21	2.74	13.10
		小计	—	—	43.36	—	28.11
	设备	泵	套	86.00	66.03	0.56	42.82
		小计	—	—	66.03	—	42.82
通风空调	设备	泵	套	8.00	19.81	0.05	12.85
		小计	—	—	19.81	—	12.85

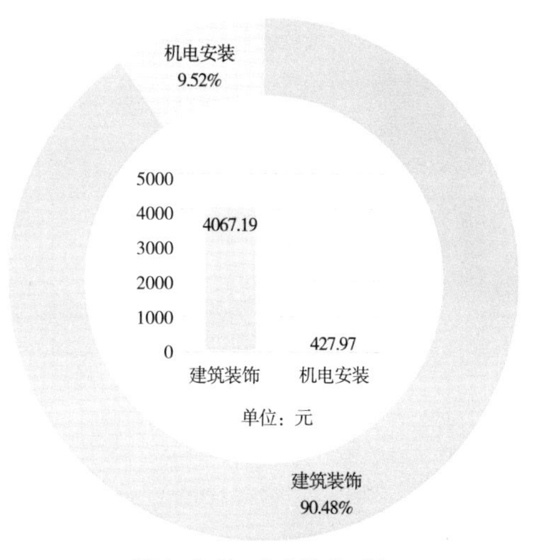

图 1-9-7　专业造价对比

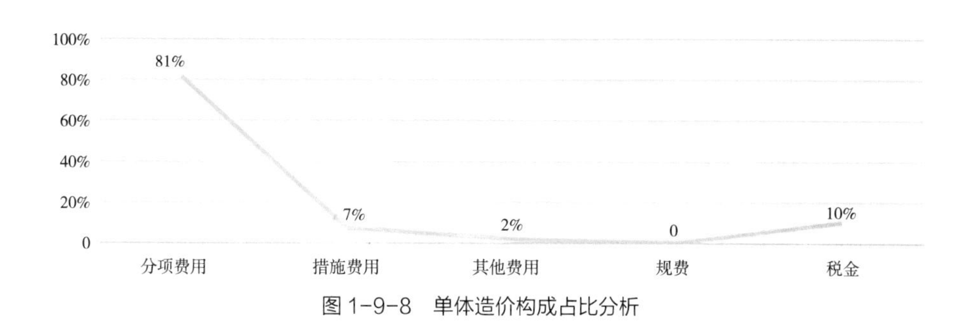

图 1-9-8　单体造价构成占比分析

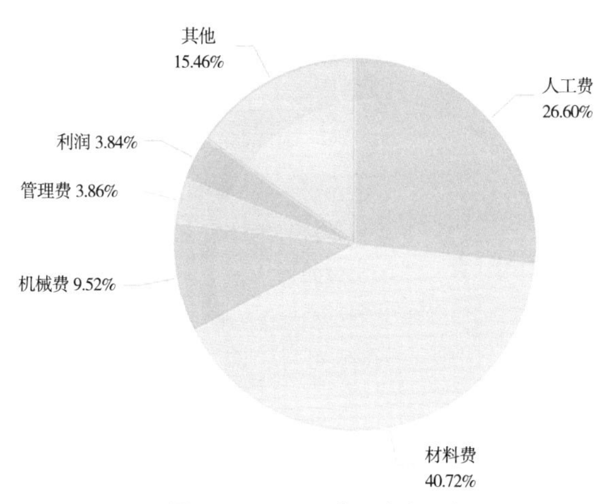

图 1-9-9　工程费用造价占比

某地下室工程（2层）

工程概况表 表 1-9-13

<table>
<tr><td rowspan="2">计价时期</td><td>年份</td><td>2019</td><td rowspan="2">计价地区</td><td>省份</td><td>广东</td><td>建设类型</td><td colspan="2">新建</td></tr>
<tr><td>月份</td><td>1</td><td>城市</td><td>广州</td><td>工程造价（万元）</td><td colspan="2">15580.52</td></tr>
<tr><td>专业类别</td><td colspan="2">房建工程</td><td>工程类别</td><td colspan="2">办公建筑</td><td rowspan="2">计价依据</td><td>清单</td><td>2013</td></tr>
<tr><td>计税模式</td><td colspan="2">增值税</td><td>建筑物类型</td><td colspan="2">地下室工程</td><td>定额</td><td>2010</td></tr>
<tr><td rowspan="2">建筑面积（m²）</td><td>±0.00 以下</td><td>25111.00</td><td rowspan="2">高度（m）</td><td>±0.00 以下</td><td>9.90</td><td rowspan="2">层数</td><td>±0.00 以下</td><td>2</td></tr>
<tr><td>±0.00 以上</td><td>0</td><td>±0.00 以上</td><td>0</td><td>±0.00 以上</td><td>0</td></tr>
<tr><td rowspan="8">建筑装饰工程</td><td>基础</td><td colspan="7">旋挖灌注桩</td></tr>
<tr><td>结构形式</td><td colspan="7">现浇钢筋混凝土结构</td></tr>
<tr><td>砌体 / 隔墙</td><td colspan="7">灰砂砖</td></tr>
<tr><td>屋面工程</td><td colspan="7">高聚物改性沥青防水卷材、改性沥青防水卷材</td></tr>
<tr><td>楼地面</td><td colspan="7">防滑砖、金刚砂楼地面、大理石抛光砖、大理石抛釉砖</td></tr>
<tr><td>天棚</td><td colspan="7">水泥纤维吸声板吊顶、无机涂料、石膏板吊顶</td></tr>
<tr><td>内墙面</td><td colspan="7">300mm × 300mm 陶瓷砖、无机涂料、有机涂料、400mm × 800mm 抛光砖、400mm × 800mm 大理石抛釉砖、穿孔板</td></tr>
<tr><td>门窗</td><td colspan="7">金属防火窗、钢质防火门、不锈钢门、防火卷帘门、金属百叶窗</td></tr>
<tr><td rowspan="5">机电安装工程</td><td>电气</td><td colspan="7">配电箱 172 台、柴油发电机组 1600kW：1 套、配电柜 16 台</td></tr>
<tr><td>给排水</td><td colspan="7">冷水系统：衬塑复合钢管、PPR 管；排水系统：镀锌钢管、涂塑钢管、U-PVC 管</td></tr>
<tr><td>通风空调</td><td colspan="7">通风机 20 台、送补风机 7 台</td></tr>
<tr><td>智能化</td><td colspan="7">综合布线系统、计算机网络系统、视频监控系统、电力监控系统、无线对讲系统、能源管理系统</td></tr>
<tr><td>消防</td><td colspan="7">气体灭火系统、火灾自动报警系统、消火栓系统</td></tr>
<tr><td colspan="2">人防工程</td><td colspan="7">防护密闭门、人防标志牌、战时进风机控制箱、人防结构工程、人防给排水工程、人防电气工程、人防通风空调工程、人防智能化工程</td></tr>
</table>

工程造价指标分析表 表 1-9-14

建筑面积：25111.00m²　　经济指标：6204.66元/m²

<table>
<tr><td colspan="3">专业</td><td>工程造价（万元）</td><td>造价比例</td><td>经济指标（元 /m²）</td></tr>
<tr><td colspan="3">建筑装饰工程</td><td>11199.84</td><td>71.88%</td><td>4460.13</td></tr>
<tr><td colspan="3">机电安装工程</td><td>3510.67</td><td>22.53%</td><td>1398.06</td></tr>
<tr><td colspan="3">人防工程</td><td>870.01</td><td>5.59%</td><td>346.47</td></tr>
<tr><td rowspan="7">其中</td><td rowspan="2">建筑装饰工程</td><td>建筑</td><td>10264.90</td><td>65.88%</td><td>4087.81</td></tr>
<tr><td>装修</td><td>934.94</td><td>6.00%</td><td>372.32</td></tr>
<tr><td rowspan="5">机电安装工程</td><td>电气</td><td>1351.23</td><td>8.67%</td><td>538.10</td></tr>
<tr><td>通风空调</td><td>922.19</td><td>5.92%</td><td>367.25</td></tr>
<tr><td>给排水</td><td>346.06</td><td>2.22%</td><td>137.81</td></tr>
<tr><td>消防</td><td>754.31</td><td>4.84%</td><td>300.39</td></tr>
<tr><td>智能化</td><td>136.88</td><td>0.88%</td><td>54.51</td></tr>
</table>

续表

专业			工程造价（万元）	造价比例	经济指标（元/m²）
其中	人防工程	人防门	682.06	4.38%	271.62
		电气	83.81	0.54%	33.38
		给排水	55.58	0.36%	22.13
		智能化	1.58	0.01%	0.63
		暖通	46.98	0.30%	18.71

土建造价含量表　　**表 1-9-15**

指标类型				造价含量
混凝土	主体	柱	含量（m³/m²）	0.06
			价格（元/m³）	787.51
		梁、板	含量（m³/m²）	0.34
			价格（元/m³）	713.20
		墙	含量（m³/m²）	0.21
			价格（元/m³）	749.21
		含量小计		0.61
	基础	承台	含量（m³/m²）	0.13
			价格（元/m³）	734.47
		其他基础	含量（m³/m²）	0.39
			价格（元/m³）	695.74
		含量小计		0.52
	其他	其他混凝土	含量（m³/m²）	0.07
			价格（元/m³）	748.39
		含量小计		0.07
	含量合计			1.20
钢筋	钢筋	钢筋	含量（kg/m²）	226.77
			价格（元/t）	5132.10
		含量小计		226.77
	含量合计			226.77
模板	主体	柱	含量（m²/m²）	0.26
			价格（元/m²）	65.39
		梁、板	含量（m²/m²）	1.43
			价格（元/m²）	63.72
		墙	含量（m²/m²）	1.17
			价格（元/m²）	44.47
		含量小计		2.86
	基础	其他基础	含量（m²/m²）	0.02
			价格（元/m²）	29.70
		含量小计		0.02
	其他	其他模板	含量（m²/m²）	0.15
			价格（元/m²）	86.65
		含量小计		0.15
	含量合计			3.03

机电造价含量表 表 1-9-16

专业	部位	系统	单位	总工程量	总价（万元）	百方含量	单方造价（元）
消防	消防报警末端	广播	个	170.00	1.99	0.68	0.79
		模块	个	225.00	7.62	0.90	3.03
		温感、烟感	个	952.00	17.46	3.79	6.95
		小计	—	—	27.07	—	10.77
	消防水	喷头	个	3226.00	13.35	12.85	5.31
		消火栓箱	套	116.00	28.68	0.46	11.42
		小计	—	—	42.03	—	16.73
电气	管线	母线	m	657.02	314.18	2.62	125.12
		电线管	m	22042.68	36.25	87.78	14.44
		电线	m	44875.44	17.13	178.71	6.82
		电缆	m	19957.50	292.09	79.48	116.32
		线槽、桥架	m	2725.66	44.23	10.85	17.62
		小计	—	—	703.88	—	280.32
	终端	开关插座	个	263.00	0.63	1.05	0.25
		泛光照明灯具	套	2130.00	23.58	8.48	9.39
		小计	—	—	24.21	—	9.64
	设备	配电箱	台	172.00	266.63	0.68	106.18
		小计	—	—	266.63	—	106.18
给排水	末端	洁具、地漏	组	79.00	5.22	0.31	2.08
		小计	—	—	5.22	—	2.08
	管线	水管	m	3813.76	58.92	15.19	23.46
		阀门	个	511.00	105.79	2.03	42.13
		小计	—	—	164.71	—	65.59
	设备	水箱	台	2.00	23.44	0.01	9.33
		泵	套	96.00	119.14	0.38	47.44
		小计	—	—	142.58	—	56.77
通风空调	保温	风阀	个	192.00	19.48	0.76	7.76
		小计	—	—	19.48	—	7.76
	末端	风口	个	337.00	8.80	1.34	3.50
		小计	—	—	8.80	—	3.50
	管线	风管	m^2	6414.81	123.09	25.55	49.02
		小计	—	—	123.09	—	49.02
	设备	冷水机组	台	3.00	263.60	0.01	104.98
		泵	套	14.00	48.76	0.06	19.42
		风机	台	35.00	81.54	0.14	32.47
		小计	—	—	393.90	—	156.87

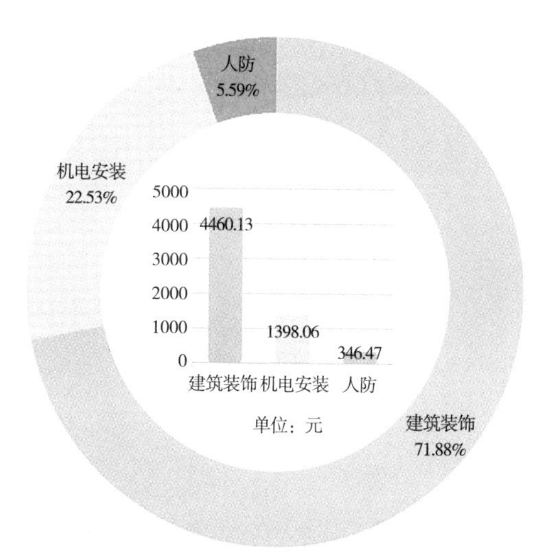

图 1-9-10 专业造价对比

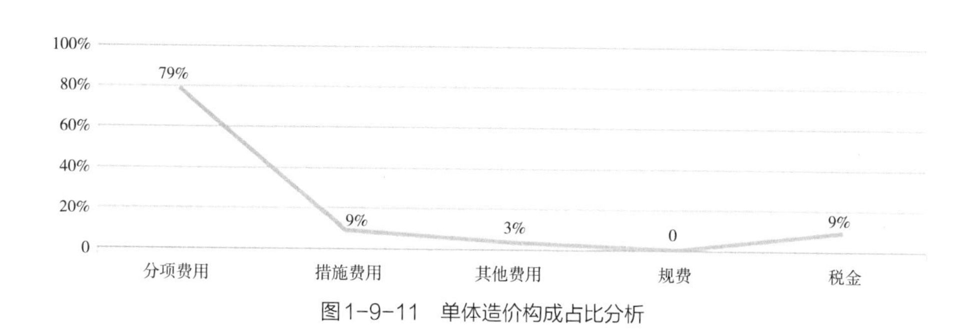

图 1-9-11 单体造价构成占比分析

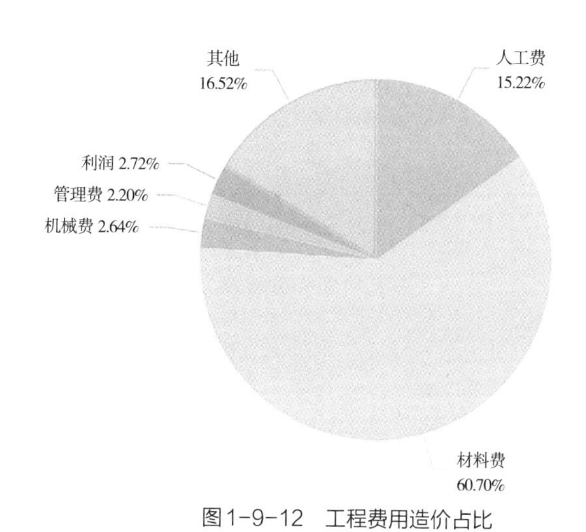

图 1-9-12 工程费用造价占比

第十节 其他附属建筑

某学校食堂工程（4层）

工程概况表 表 1-10-1

<table>
<tr><td rowspan="2">计价时期</td><td>年份</td><td>2019</td><td rowspan="2">计价地区</td><td>省份</td><td>广东</td><td>建设类型</td><td colspan="2">新建</td></tr>
<tr><td>月份</td><td>4</td><td>城市</td><td>广州</td><td>工程造价（万元）</td><td colspan="2">3557.91</td></tr>
<tr><td>专业类别</td><td colspan="2">房建工程</td><td>工程类别</td><td colspan="2">教育建筑</td><td rowspan="2">计价依据</td><td>清单</td><td>2013</td></tr>
<tr><td>计税模式</td><td colspan="2">增值税</td><td>建筑物类型</td><td colspan="2">食堂</td><td>定额</td><td>2018</td></tr>
<tr><td rowspan="2">建筑面积（m²）</td><td>±0.00 以下</td><td>0</td><td rowspan="2">高度（m）</td><td>±0.00 以下</td><td>0</td><td rowspan="2">层数</td><td>±0.00 以下</td><td>0</td></tr>
<tr><td>±0.00 以上</td><td>11985.00</td><td>±0.00 以上</td><td>21.10</td><td>±0.00 以上</td><td>4</td></tr>
</table>

<table>
<tr><td rowspan="8">建筑装饰工程</td><td>结构形式</td><td>现浇钢筋混凝土结构</td></tr>
<tr><td>砌体 / 隔墙</td><td>加气混凝土砌块</td></tr>
<tr><td>屋面工程</td><td>高聚物改性沥青防水卷材、憎水膨胀珍珠岩、防滑砖、聚苯乙烯泡沫保温板</td></tr>
<tr><td>楼地面</td><td>600mm×600mm 防滑砖、600mm×600mm 亚光面砖、600mm×600mm 陶瓷砖、水磨石楼地面</td></tr>
<tr><td>天棚</td><td>石膏板吊顶、铝合金格栅吊顶、木花格造型装饰件、喷大白浆、无机涂料、铝扣板吊顶</td></tr>
<tr><td>内墙面</td><td>300mm×600mm 防滑砖、600mm×600mm 亚光面砖、木地板墙面、木纹面饰面铝合金格栅墙面、铝合金板、木饰面、无机涂料</td></tr>
<tr><td>外墙面</td><td>60mm×240mm 劈开砖、铝合金玻璃幕墙（6Low-E+12A+6mm 钢化玻璃，局部）、真石漆</td></tr>
<tr><td>门窗</td><td>夹板门、钢质防火门、铝合金窗</td></tr>
<tr><td rowspan="6">机电安装工程</td><td>电气</td><td>配电箱 67 台</td></tr>
<tr><td>给排水</td><td>冷水系统：不锈钢管、PPR 管；排水系统：U-PVC 管、镀锌钢管、涂塑钢管</td></tr>
<tr><td>通风空调</td><td>风管式多联式空调机（内外）机组：109 台</td></tr>
<tr><td>智能化</td><td>有线电视系统、空调自控系统、综合布线系统、视频监控系统、门禁系统</td></tr>
<tr><td>电梯</td><td>货梯 2 部、客梯兼货梯 1 部、餐梯 2 部</td></tr>
<tr><td>消防</td><td>喷淋系统、消火栓系统、火灾自动报警系统、防火门监控系统、气体灭火系统</td></tr>
</table>

工程造价指标分析表 表 1-10-2

建筑面积：11985.00m² 经济指标：2968.63元/m²

专业	工程造价（万元）	造价比例	经济指标（元/m²）
建筑装饰工程	2694.28	75.73%	2248.04
机电安装工程	863.63	24.27%	720.59

续表

专业			工程造价（万元）	造价比例	经济指标（元/m²）
其中	建筑装饰工程	建筑	1624.87	45.67%	1355.75
		装修	1069.41	30.06%	892.29
	机电安装工程	电气	253.17	7.11%	211.23
		通风空调	227.95	6.40%	190.20
		给排水	72.64	2.04%	60.61
		消防	187.76	5.28%	156.66
		电梯	87.39	2.46%	72.92
		智能化	34.72	0.98%	28.97

土建造价含量表　　　　表 1-10-3

指标类型				造价含量
混凝土	主体	柱	含量（m³/m²）	0.07
			价格（元/m³）	805.09
		梁、板	含量（m³/m²）	0.37
			价格（元/m³）	679.87
		墙	含量（m³/m²）	0.01
			价格（元/m³）	702.23
		含量小计		0.45
	其他	其他混凝土	含量（m³/m²）	0.02
			价格（元/m³）	785.31
		含量小计		0.02
	含量合计			0.47
钢筋	钢筋	钢筋	含量（kg/m²）	57.98
			价格（元/t）	5191.07
		含量小计		57.98
	含量合计			57.98
模板	主体	柱	含量（m²/m²）	0.28
			价格（元/m²）	61.41
		梁、板	含量（m²/m²）	1.64
			价格（元/m²）	73.30
		墙	含量（m²/m²）	0.07
			价格（元/m²）	46.08
		含量小计		1.99
	其他	其他模板	含量（m²/m²）	1.07
			价格（元/m²）	49.22
		含量小计		1.07
	含量合计			3.06

机电造价含量表　　表 1-10-4

专业	部位	系统	单位	总工程量	总价（万元）	百方含量	单方造价（元）
消防	消防报警末端	广播	个	104.00	1.20	0.87	1.00
		模块	个	112.00	3.50	0.93	2.92
		温感、烟感	个	296.00	5.70	2.47	4.75
		小计	—	—	10.40	—	8.67
	消防水	喷头	个	2273.00	18.86	18.97	15.73
		消火栓箱	套	44.00	7.48	0.37	6.24
		小计	—	—	26.34	—	21.97
	消防电设备	广播主机	台	1.00	0.31	0.01	0.26
		报警主机	台	2.00	2.89	0.02	2.41
		小计	—	—	3.20	—	2.67
电气	管线	电线管	m	16240.53	35.52	135.51	29.63
		电线	m	65315.12	29.76	544.97	24.83
		电缆	m	4941.14	79.79	41.23	66.58
		线槽、桥架	m	755.00	13.60	6.30	11.34
		小计	—	—	158.66	—	132.38
	终端	开关插座	个	381.00	2.22	3.18	1.85
		泛光照明灯具	套	2017.00	29.00	16.83	24.20
		小计	—	—	31.22	—	26.05
	设备	配电箱	台	67.00	13.75	0.56	11.47
		小计	—	—	13.75	—	11.47
给排水	末端	洁具、地漏	组	220.00	13.96	1.84	11.65
		小计	—	—	13.96	—	11.65
	管线	水管	m	4480.51	46.77	37.38	39.03
		阀门	个	102.00	8.67	0.85	7.24
		小计	—	—	55.44	—	46.27
通风空调	保温	风阀	个	109.00	2.32	0.91	1.93
		小计	—	—	2.32	—	1.93
	末端	风口	个	146.00	3.83	1.22	3.20
		小计	—	—	3.83	—	3.20
	管线	风管	m^2	1484.16	31.66	12.38	26.42
		小计	—	—	31.66	—	26.42
	设备	空调器	台	109.00	145.86	0.91	121.70
		风机	台	45.00	12.10	0.38	10.10
		小计	—	—	157.96	—	131.80

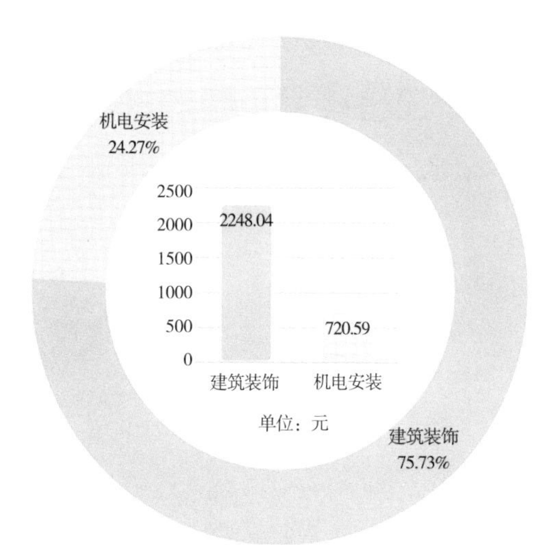

图1-10-1　专业造价对比

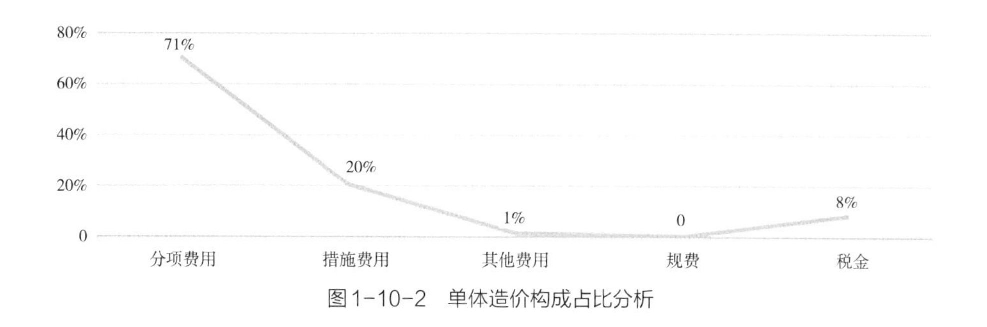

图1-10-2　单体造价构成占比分析

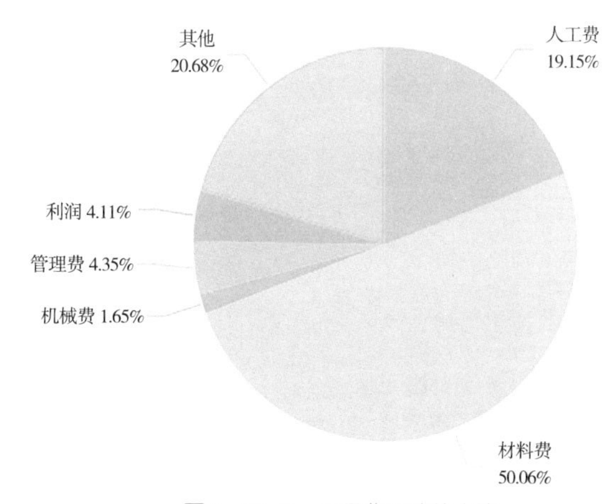

图1-10-3　工程费用造价占比

第十一节　建设工程技术、经济指标分析数据摘选

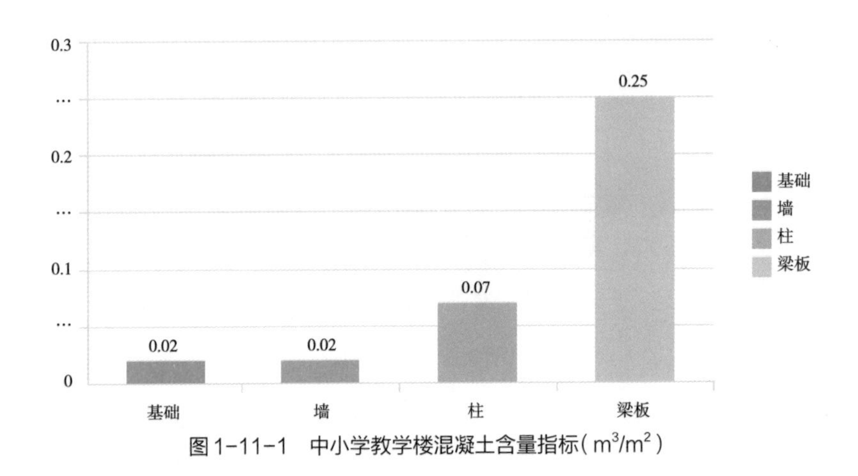

图 1-11-1　中小学教学楼混凝土含量指标（m^3/m^2）

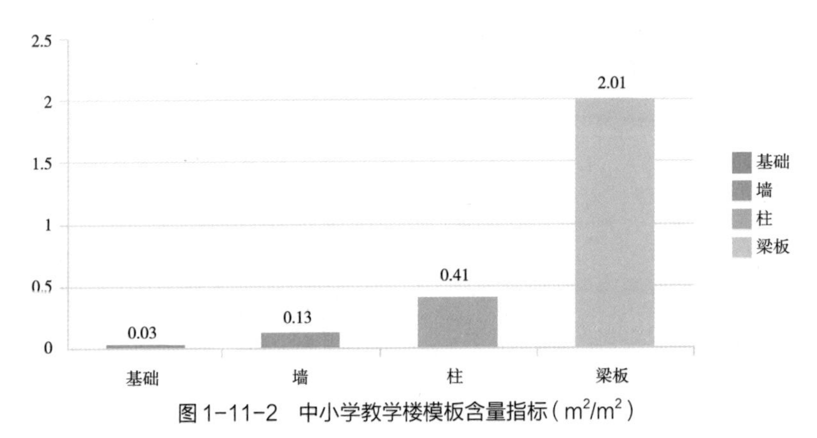

图 1-11-2　中小学教学楼模板含量指标（m^2/m^2）

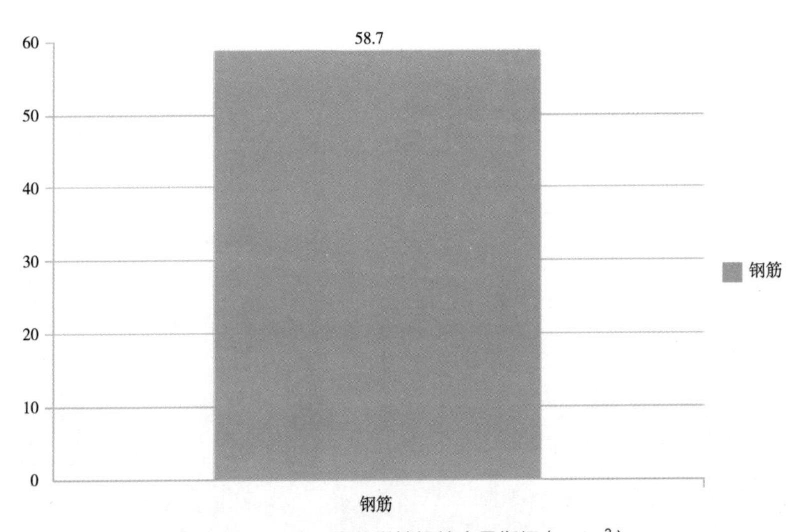

图 1-11-3　中小学教学楼钢筋含量指标（kg/m^2）

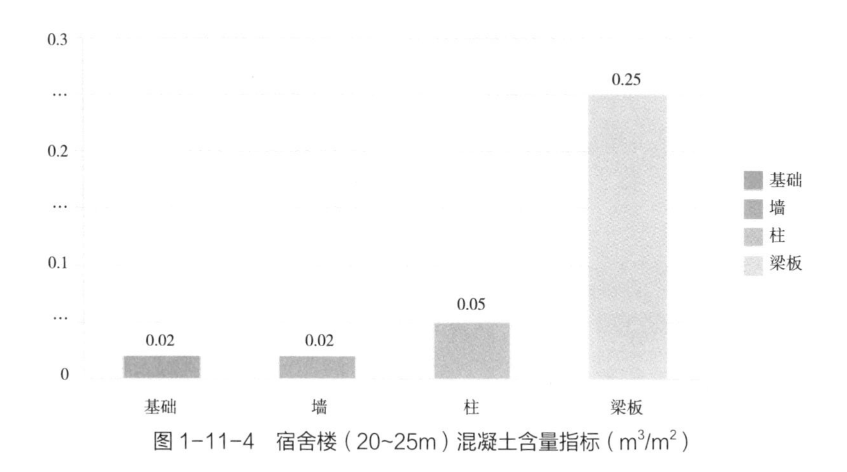

图 1-11-4　宿舍楼（20~25m）混凝土含量指标（m^3/m^2）

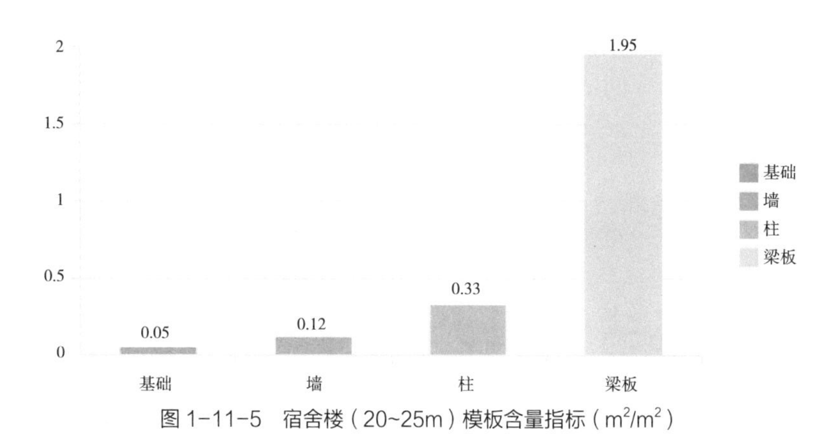

图 1-11-5　宿舍楼（20~25m）模板含量指标（m^2/m^2）

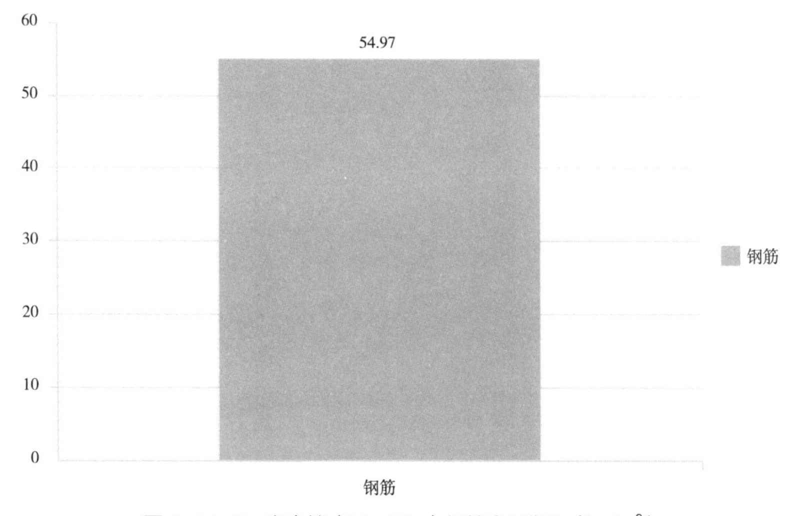

图 1-11-6　宿舍楼（20~25m）钢筋含量指标（kg/m^2）

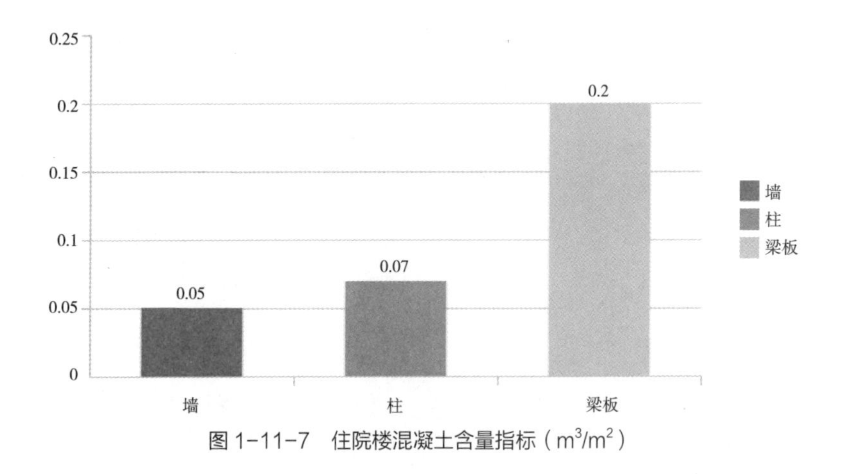

图 1-11-7　住院楼混凝土含量指标（m^3/m^2）

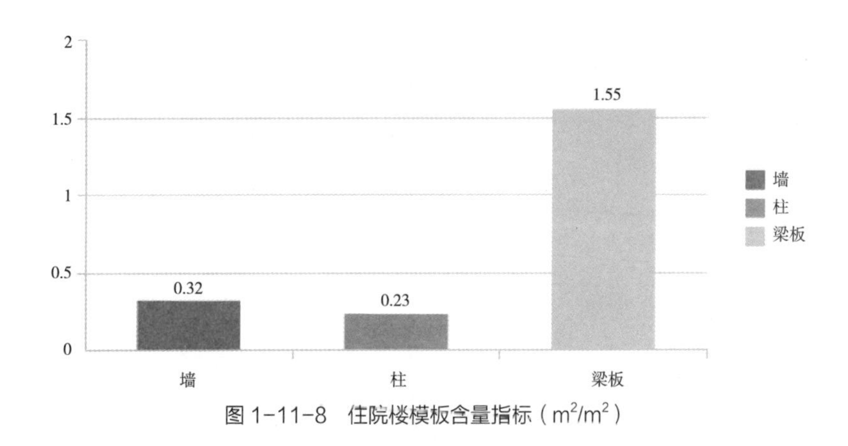

图 1-11-8　住院楼模板含量指标（m^2/m^2）

图 1-11-9　住院楼钢筋含量指标（kg/m^2）

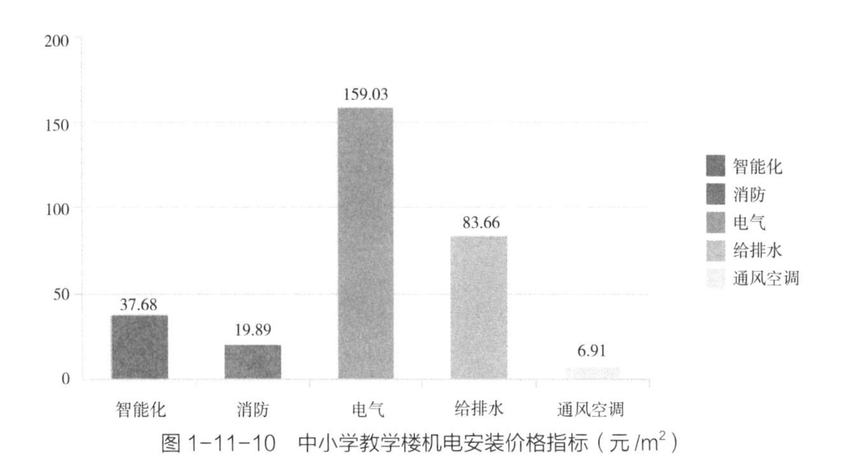

图 1-11-10 中小学教学楼机电安装价格指标（元/m²）

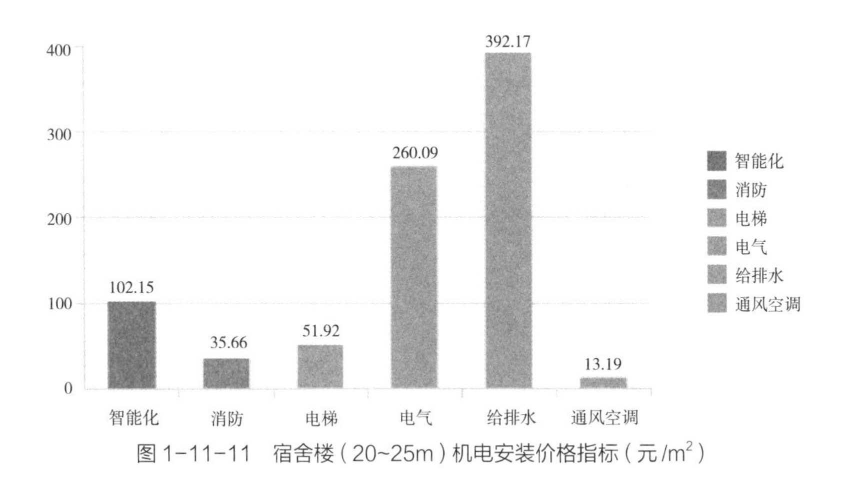

图 1-11-11 宿舍楼（20~25m）机电安装价格指标（元/m²）

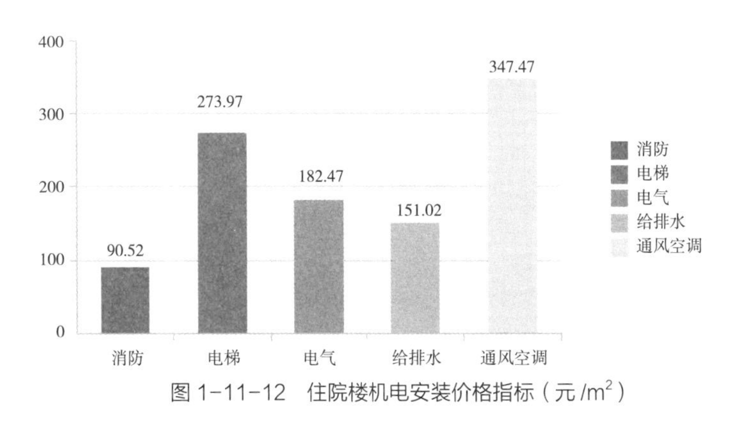

图 1-11-12 住院楼机电安装价格指标（元/m²）